Jürgen Kröger, Dipl.-Kfm.

Kosten- und Leistungsrechnung

Eine Einführung
für Fachkaufleute für die Verwaltung im Gesundheitswesen,
für Fachwirte im Sozial- und Gesundheitswesen und
für Kaufleute im Gesundheitswesen

Bibliografische Information der Deutschen Nationalbibliothek
Die Deutsche Nationalbibliothek verzeichnet diese Publikation in der Deutschen Nationalbibliographie; detaillierte bibliografische Daten sind im Internet über http://dnb.d-nb.de abrufbar.

Jürgen Kröger
Kosten- und Leistungsrechnung
Eine Einführung für Fachkaufleute für die Verwaltung im Gesundheitswesen,
für Fachwirte im Sozial- und Gesundheitswesen und für Kaufleute im Gesundheitswesen

ISBN 9783844818116

Homepage: www.kroeger-rewe.de

Herstellung und Verlag: Books on Demand GmbH, Norderstedt 2012

Vorwort

Das vorliegende Buch richtet sich vor allem an werdende Kaufleute im Gesundheitswesen, an Fachkaufleute für die Verwaltung im Gesundheitswesen und Fachwirte im Sozial- und Gesundheitswesen. Absicht ist es, dem Leser eine Einführung in die Kosten- und Leistungsrechnung zu ermöglichen. Dabei werden die Besonderheiten der Krankenhäuser und der Pflegeeinrichtungen (ambulante Pflegedienste und vollstationäre Pflegeeinrichtungen) berücksichtigt.

Die Kosten- und Leistungsrechnung ist heute aus den Betrieben kaum noch wegzudenken, hilft sie doch bei der Steuerung des Unternehmens erfolgversprechende Wege zu finden und zu gehen. Das gilt sicherlich auch für Krankenhäuser und Pflegeeinrichtungen.

Da dieses Buch sich vor allem an diejenigen wendet, die sich mit der Kosten- und Leistungsrechnung noch nicht oder kaum auseinandergesetzt haben, wurden bewusst Vereinfachungen in Kauf genommen. Eine Vertiefung des Wissens kann später durch weiterführende und speziell dafür geschriebene Bücher und durch praktische Erfahrungen erreicht werden.

Kenntnisse und Erfahrung aus dem Bereich der Buchführung sind zweckmäßig und erleichtern den Zugang zu bestimmten Abschnitten. Diese Kenntnisse sind aber nicht zwingend notwendig. Beispiele sollen helfen, das Verständnis sowohl für die Theorie als auch für die Praxis zugänglich zu machen.

Aktuell beschäftigen sich viele Gesundheitsbetriebe mit der Einführung der Teilkostenrechnung.

Alle Abschnitte und Aufgaben, die mit einem * versehen sind, können von den Kaufleuten im Gesundheitswesen vernachlässigt werden; sie sind nicht Gegenstand der Prüfung.

Die Lösungen der 95 dargestellten Aufgaben kann der Leser im Internet unter folgender Adresse herunterladen: www.kroeger-rewe.de.

Ahrensburg im Januar 2012

Abkürzungen

A	andere Fallpauschale
AB	Anfangsbestand
Abs.	Absatz
AbgrV	Abgrenzungsverordnung
ÄD	Ärztlicher Dienst
AG	Aktiengesellschaft
AHK	Anschaffungs- und Herstellkosten
aLL	aus Lieferungen und Leistungen
AO	Abgabenordnung
AR-DRG	Australian Refined-Diagnosis Relates Groups
BAB	Betriebsabrechnungsbogen
CC	Komplikationen oder Komorbiditäten
Diagn.	Diagnose
diagn.	diagnostisch
DKG	Deutsche Krankenhausgesellschaft
DRG	Diagnosis Related Groups
EB	Endbestand
EDV	Elektronische Datenverarbeitung
FD	Funktionsdienst
ff.	folgende Seiten
G-DRG	German Refined – Diagnosis Related Groups
GKV	Gesetzliche Krankenversicherung
GmbH	Gesellschaft mit beschränkter Haftung
GOÄ	Gebührenverordnung für Ärzte
GuV	Gewinn und Verlustrechnung
GZF	Gleichzeitigkeitsfaktor
H	Hauptkostenstelle
HGB	Handelsgesetzbuch
HLM	Herz-Lungen-Maschine
ICD	International Classification of Diseases
ILV	Innerbetriebliche Leistungsverrechnung
InEK	Institut für das Entgeltsystem im Krankenhaus GmbH
KHBV	Krankenhaus-Buchführungsverordnung
KHEntgG	Krankenhausentgeltgesetz
KHG	Krankenhausfinanzierungsgesetz
KoAGrp	Kostenartengruppe(n)
Kst.	Kostenstelle(n)
Kst.Nr.	Kostenstellen-Nummer
lt.	laut
M	medizinische Fallpauschale
MDC	Major Diagnostic Category
med.	medizinisch(e)
MwSt.	Mehrwertsteuer
ND	Nutzungsdauer
Nr.	Nummer
O	operative Fallpauschale
OP	Operationssaal, Operation
OPS	Operationsschlüssel
P	Pflegetage
PBV	Pflege-Buchführungsverordnung
PD	Pflegedienst
PKV	Private Krankenversicherung
PPR	Pflegepersonalregelung
SGB	Sozialgesetzbuch
S.	Seite
S-N-Zeit	Schnitt-Naht-Zeit

techn.	technisch …
therap.	therapeutisch
Tsd.	Tausend
u.a.	und andere(s)
V	Vergleichstage
Vers.	Versicherung
VWD	Verweildauer
VZK	Vollzeitkräfte
ZE	Zusatzentgelt
ZE_D	Zusatzentgelt, differenziert
zus.	zusätzlich

Verzeichnis der Symbole

B	Break-even-Point
DB	Deckungsbeitrag
db	Deckungsbeitrag pro Einheit
E	Erlöse
e	Erlös pro Einheit
G	Gewinn
K	Gesamtkosten
k	Kosten pro Einheit
K_f	fixe Kosten
k_f	fixe Kosten pro Einheit
K_v	variable Kosten
k_v	variable Kosten pro Einheit
p	Preis pro Einheit
P_1, P_2	Punkte 1, Punkt 2
V	Verlust
x	Kapazität/Beschäftigung
x_B	Break-even-Menge

Anmerkung

Alle Abschnitte und Aufgaben, die mit einem * versehen sind, können von den Kaufleuten im Gesundheitswesen vernachlässigt werden; sie sind nicht Gegenstand der Prüfung.

1 Aufgaben und Begriffe der Kosten- und Leistungsrechnung

Problemstellung

Ein Mann, 45 Jahre alt, wird in ein Krankenhaus wegen des Verdachts auf Blinddarmentzündung eingeliefert. Nach Untersuchung wird dieser Verdacht bestätigt und beschlossen, den Blinddarm zu entfernen. Da keine besonderen Komplikationen aufgetreten sind, wird der Mann nach fünf Tagen als geheilt entlassen. Sechs Tage später erscheint der Mann zur Nachuntersuchung im Krankenhaus und kann nach Ziehung der Fäden als völlig gesund nach Hause geschickt werden.

Frage: Was kostet diese Behandlung?

Was leistet das Krankenhaus hier? Überlegen Sie, welche Mittel und Personen eingesetzt werden müssen? Welche Mengen (bei Mitteln) und wie viel Personen mit welcher Zeit werden gebraucht? Was kostet der Einsatz? Wie müsste eine Kalkulation aussehen, die die Kosten dieses Falles abdeckt? Die Behandlungsfälle sollen so kalkuliert werden, dass alle Kosten des Krankenhauses berücksichtigt werden.

1.1 Aufgabe der Finanzbuchhaltung

Aufgabe der Finanzbuchhaltung ist es, den Bestand des Vermögens, der Schulden und des Eigenkapitals und deren Veränderungen darzustellen. Alle Geschäftsvorfälle werden in der Finanzbuchhaltung chronologisch und systematisch festgehalten (gebucht). Am Jahresende ist mit Hilfe der Inventur ein Inventar (= detailliertes Verzeichnis aller Vermögenswerte und Schulden) aufzustellen, dessen Verdichtung zu einer Bilanz führt. Die Gewinn- und Verlustrechnung stellt alle Aufwendungen und Erträge gegenüber. Diese Arbeiten sind durch Gesetze und Verordnungen vorgeschrieben und geregelt. Zu nennen sind hier das HGB, die AO (= Abgabenordnung), die KHBV und die PBV.

Zweck dieser Vorschriften ist es, die Gläubiger und andere am Unternehmen Interessierte (z.B. Banken, Lieferanten, Eigentümer, Mitarbeiter, Finanzamt) zu schützen und zu informieren. Die Finanzbuchhaltung dient in erster Linie der Dokumentation und der Rechenschaftslegung. Man bezeichnet die Finanzbuchhaltung auch als das externe Rechnungswesen.

1.2 Aufgabe der Kosten- und Leistungsrechnung

Für die Kosten- und Leistungsrechnung gibt es für die meisten Unternehmen keine Vorschriften des Gesetzgebers. Die Kosten- und Leistungsrechnung hat sich jedoch im Laufe der Zeit aufgrund bestimmter Fragestellungen zu einem Instrumentarium entwickelt, das in gleicher oder ähnlicher Form von vielen Unternehmungen angewandt wird. Sie ist für viele Unternehmungen heute unverzichtbar.

Für Krankenhäuser und für Pflegeeinrichtungen hat der Gesetzgeber eine Pflicht nach einer Kosten- und Leistungsrechnung aufgestellt.

§ 8 Kosten- und Leistungsrechnung KHBV

> *Das Krankenhaus hat eine Kosten- und Leistungsrechnung zu führen, die eine betriebsinterne Steuerung sowie eine Beurteilung der Wirtschaftlichkeit und Leistungsfähigkeit erlaubt; sie muß die Ermittlung der pflegesatzfähigen Kosten sowie die Erstellung der Leistungs- und Kalkulationsaufstellung nach den Vorschriften der Bundespflegesatzverordnung ermöglichen. Dazu gehören folgende Mindestanforderungen:*
>
> 1. *Das Krankenhaus hat die auf Grund seiner Aufgaben und Struktur erforderlichen Kostenstellen zu bilden. Es sollen, sofern hierfür Kosten und Leistungen anfallen, mindestens die Kostenstellen gebildet werden, die sich aus dem Kostenstellenrahmen der Anlage 5 ergeben. Bei abweichender Gliederung dieser Kostenstellen soll durch ein ordnungsmäßiges Überleitungsverfahren die Umschlüsselung auf den Kostenstellenrahmen sichergestellt werden.*
> 2. *Die Kosten sind aus der Buchführung nachprüfbar herzuleiten.*
> 3. *Die Kosten und Leistungen sind verursachungsgerecht nach Kostenstellen zu erfassen; sie sind darüber hinaus den anfordernden Kostenstellen zuzuordnen, soweit dies für die in Satz 1 genannten Zwecke erforderlich ist.*

Ähnlich ist es in § 7 der PBV formuliert.

§ 7 Kosten- und Leistungsrechnung PBV

Die zugelassenen Pflegeeinrichtungen haben eine Kosten- und Leistungsrechnung zu führen, die eine betriebsinterne Steuerung sowie eine Beurteilung der Wirtschaftlichkeit und Leistungsfähigkeit ermöglicht. Die Kosten- und Leistungsrechnung muß die Ermittlung und Abgrenzung der Kosten der jeweiligen Betriebszweige sowie die Erstellung der Leistungsnachweise nach den Vorschriften des Achten Kapitels des Elften Buches Sozialgesetzbuch ermöglichen. Dazu gehören folgende Mindestanforderungen:

1. *Die Pflegeeinrichtungen haben die auf Grund ihrer Aufgaben und Strukturen erforderlichen Kostenstellen zu bilden; dabei kann der Kostenstellenrahmen nach dem Muster der Anlage 5 angewendet werden.*
2. *Die Kosten sind aus der Buchführung nachprüfbar herzuleiten.*
3. *Die Kosten und Leistungen sind verursachungsgerecht nach Kostenstellen zu erfassen; sie sind darüber hinaus den anfordernden Kostenstellen zuzuordnen, soweit dies für die in Satz 1 genannten Zwecke erforderlich ist.*
4. *Die Kosten und Leistungen sind verursachungsgerecht den Kostenträgern zuzuordnen; dabei kann die Kostenträgerübersicht nach dem Muster der Anlage 6 angewendet werden.*
5. *Bei Einrichtungen nach § 4 Abs. 2 oder 3 muß eine verursachungsgerechte Abgrenzung der Kosten und Erträge mit anteiliger Zuordnung auf die verschiedenen Einrichtungen erfolgen; § 4 Abs. 3 Nr. 2 Satz 2 gilt entsprechend.*

Einzelheiten sind nur sehr begrenzt vorgeschrieben, so dass man sich hier bestimmter und schon erprobter Verfahren bedient.

In der Wirtschaftslehre bezeichnet man den Prozess der Leistungserstellung und Leistungsverwertung als eine Kombination von Produktionsfaktoren (menschliche Arbeitsleistung, Betriebsmittel, Werkstoffe). Die Aufgabe der Unternehmensleitung ist es, den Einsatz der Produktionsfaktoren zu planen, zu steuern, zu kontrollieren und zu ändern. Das gilt auch für Krankenhäuser und Pflegeeinrichtungen.

Die eigentliche Aufgabe eines Krankenhauses ist es, Krankheiten festzustellen und zu therapieren, um den Gesundheitszustand des Patienten wiederherzustellen. Da sich der Zustand eines Patienten vor und nach der Behandlung nur schwer messen lässt, wird man die Zustandsveränderung des Patienten nicht als messbare Leistungsgröße heranziehen können. Für die Kosten- und Leistungsrechnung bedeutet das, dass man nicht den Zustand des Patienten in den Vordergrund rückt, sondern auf die erbrachten Leistungen des Betriebes schaut. Diese Leistungen werden in verschiedenen Leistungsbereichen (Chirurgie, Pflege, Labor u.a.) erbracht und sind messbar. Die Leistungsfähigkeit eines Krankenhauses und einer Pflegeeinrichtung ist nach dem ökonomischen Prinzip der Wirtschaftlichkeit (hier nach dem **Minimumprinzip**[1]) auszurichten, wobei das medizinisch Notwendige und Zweckmäßige nicht außer Acht zu lassen ist.

Die primäre Aufgabe der Kosten- und Leistungsrechnung ist es, festzustellen, welche Kosten (Kostenarten), wo (Kostenstelle) und in welcher Höhe für welches Gut oder welche Dienstleistung (**Kostenträger**[2]) angefallen sind. Man will die Wirtschaftlichkeit des Betriebes, von Teilen des Betriebes oder bestimmter Güter und Leistungen ermitteln. Z.B. ist für eine stationären Pflegeeinrichtung von Interesse, was die Pflege eines zu Pflegenden der Pflegestufe 1 pro Tag kostet. Was kostet die Unterkunft und Verpflegung in einer stationären Pflegeeinrichtung pro Tag?

Bei solchen und vielen anderen Fragen versucht die Kosten- und Leistungsrechnung Informationen zu liefern, damit die Unternehmensleitung ökonomisch sinnvolle Entscheidungen treffen kann. Die Kosten- und Leistungsrechnung ist primär für Entscheidungsprozesse ausgerichtet.

[1] Minimumprinzip: Alle notwendigen und zweckmäßigen Leistungen sollen mit möglichst geringen Kosten erbracht werden.

[2] Der Begriff Kostenträger wird mit unterschiedlicher Bedeutung benutzt. Hier ist nicht die Krankenkasse oder Pflegekasse gemeint, sondern die erzeugte oder „verkaufte“ Leistung, die Kosten verursacht hat und sie somit „tragen“ soll, also Kostenträger ist.

1.3 Gliederung des Rechnungswesens

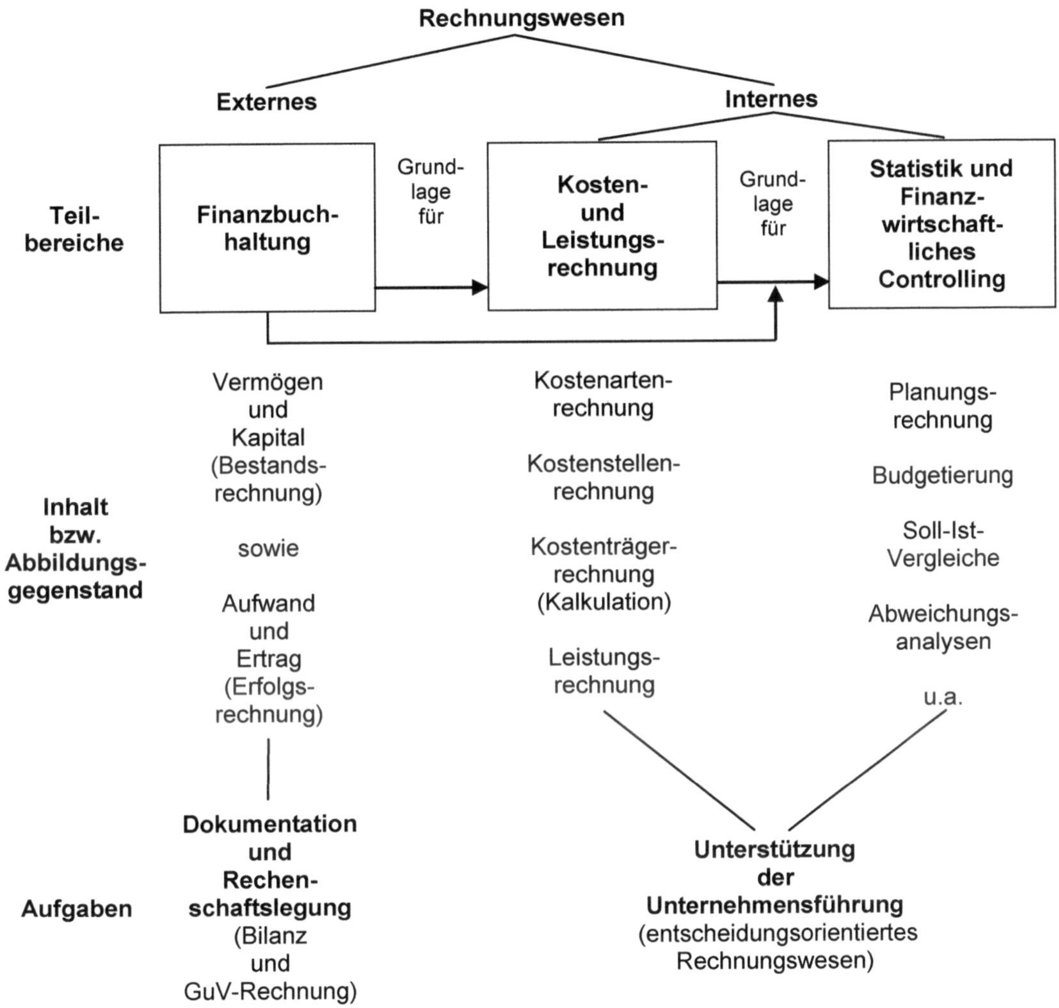

1. Aufgabe

(1) Worin bestehen die Unterschiede zwischen Finanzbuchhaltung und Kosten- und Leistungsrechnung?

(2) Beschreiben Sie kurz den Leistungsprozess eines Krankenhauses / einer Pflegeeinrichtung.

(3) Erarbeiten Sie aus § 7 PBV die Ziele / Aufgaben der Kosten- und Leistungsrechnung.

(4) Erarbeiten Sie aus § 8 KHBV die Ziele / Aufgaben der Kosten- und Leistungsrechnung.

(5) Die §§ 7 PBV und 8 KHBV sprechen von einer „betriebsinternen Steuerung“ und von einer „Beurteilung der Wirtschaftlichkeit“. Was kann man unter „betriebsinterner Steuerung“ und unter „Wirtschaftlichkeit“ verstehen?

(6) Nehmen Sie zu folgender Aussage Stellung: „In jedem Fall oder unter allen Umständen müssen die Kosten gesenkt werden!“

1.4 Grundbegriffe des Rechnungswesens

Einzahlungen und Auszahlungen sind Zugänge und Abgänge von Zahlungsmitteln (Bargeld, jederzeit verfügbares Buchgeld).

Ausgaben und Einnahmen umfassen alle Zahlungszugänge und Zahlungsabgänge sowie alle Veränderungen von Forderungen und Verbindlichkeiten. Forderungsabgänge und Schuldenzugänge gehören zu den Ausgaben; Forderungszugänge und Schuldenabgänge rechnet man zu den Einnahmen.

Aufwendungen sind der bewertete Verbrauch von Gütern und Dienstleistungen einer Unternehmung während einer Rechnungsperiode. Sie werden in der Finanzbuchhaltung erfasst und beim Jahresabschluss in der GuV-Rechnung dargestellt (Sollseite).

Erträge sind der gesamte bewertete Wertezugang in einer Rechnungsperiode. Sie werden in der Finanzbuchhaltung erfasst und erscheinen in der GuV-Rechnung auf der Habenseite.

Ausgaben und Aufwendungen stimmen meist nicht überein. Das gilt auch für Einnahmen und Erträge. Da der Gewinn oder Verlust periodengerecht zu ermitteln ist, sind Aufwendungen und Erträge, die die nächste Periode betreffen, entsprechend abzugrenzen (vgl. hierzu die **zeitliche Abgrenzung**[3]).

Unter **Kosten** versteht man den bewerteten Verbrauch von Produktionsfaktoren zur Erstellung von betrieblichen Leistungen unter normalen Bedingungen. Dieser Begriff beinhaltet drei wesentliche Merkmale:

- Mengenmäßiger Verbrauch von Produktionsfaktoren
- Bezug zur betrieblichen Leistungserstellung unter normaler Bedingung
- Bewertung der verbrauchten Mengen

Zum mengenmäßigen Verbrauch rechnet man den Verbrauch an Roh-, Hilfs- und Betriebsstoffen, die Nutzung von Betriebsmitteln, die von Mitarbeitern erbrachten Arbeitsleistungen und die von dritter Seite zugekauften Leistungen sowie gezahlte öffentliche Abgaben und Steuern.

[3] Kröger, Jürgen: Buchführung für Kaufleute im Gesundheitswesen, BoD, Norderstedt 2008, Seite 216 uff.

Mit betrieblichen Leistungen sind die erstellten Leistungen gemeint, die zum eigentlichen Geschäftsbetrieb gehören. Wenn z.B. eine Pflegeeinrichtung mit Wertpapiergeschäften einen Verlust erwirtschaftet hat, so gehört diese Aktion nicht zum eigentlichen Geschäftsbetrieb. Die Aufwendungen, die in diesem Zusammenhang entstanden sind, sind keine Kosten. Sind z.B. durch einen Brand große Teile der Krankenhausküche vernichtet worden, so ist dieser Verlust zwar betriebsbedingt, wird aber nicht als Kosten betrachtet, weil dieser Aufwand nicht zum „normalen" Geschäftsbetrieb gehört.

Bei der Bewertung der verbrauchten Mengen sind Preise zu berücksichtigen. Erst durch die Bewertung mit Preisen lassen sich die unterschiedlichen Verbrauchsmengen für weitere Untersuchungen sinnvoll nutzen.

Leistungen sind das Ergebnis der betrieblichen Tätigkeit, also die Bereitstellung von Gütern und Dienstleistungen. Auch hier gilt der betriebliche Bezug. Würde eine Pflegeeinrichtung oder ein Krankenhaus z.B. durch die Vermietung von Wohnraum Einkünfte erzielen, so sind das in der Finanzbuchhaltung Erträge. Die Vermietung gehört aber nicht zum eigentlichen Betriebsgeschehen. Diese Erträge rechnet man daher zu den neutralen Erträgen. Sie stellen keine Leistungen im Sinne der Kosten- und Leistungsrechnung dar.

Erlöse sind die abgegebenen (verkauften) in Geld bewerteten Leistungen.

<table>
<tr><th colspan="3">Aufwendungen (Finanzbuchhaltung)</th><th></th></tr>
<tr><td>Neutrale Aufwendungen</td><td colspan="2" rowspan="2">Zweckaufwendungen</td><td></td></tr>
<tr><td>Betriebsfremder Aufwand
Periodenfremder Aufwand
Außerordentlicher Aufwand</td><td></td></tr>
<tr><td></td><td rowspan="2">Grundkosten</td><td>Anderskosten</td><td>Zusatzkosten</td></tr>
<tr><td></td><td colspan="2">Kalkulatorische Kosten</td></tr>
<tr><td></td><th colspan="3">Kosten (Kostenrechnung)</th></tr>
</table>

1.5 Sachliche Abgrenzung

Die Kostenartenrechnung beschäftigt sich vor allem mit der Frage: Welche Kosten sind entstanden? Ausgangspunkt dieser Frage sind die Aufwendungen aus der Finanzbuchhaltung. Da nicht alle Aufwendungen Kosten sind, sind Abgrenzungen vorzunehmen.

Wie schon im vorherigen Kapitel angedeutet, handelt es sich vor allem um die sogenannten „**Neutralen Aufwendungen**“, die keine Kosten darstellen und folglich abzugrenzen sind.

Ferner gibt es Aufwendungen, die grundsätzlich Kosten darstellen, deren Höhe aber geändert werden muss, weil in der Finanzbuchhaltung z.B. steuer- und bilanzrechtliche Vorschriften zu beachten sind, die aber in der Kostenrechnung keine Rolle spielen sollen. Hier spricht man von **Anderskosten**.

Darüber hinaus gibt es Kosten, die in der Finanzbuchhaltung nicht erfasst werden, weil für sie keine Zahlung vorliegt. Diese Kosten werden **Zusatzkosten** genannt. Die Zusatzkosten und die Anderskosten bezeichnet man als „**kalkulatorische Kosten**“.

Neutrale Aufwendungen werden deswegen abgegrenzt, weil sie

- nicht für die Verwirklichung des Betriebszweckes entstanden sind: **Betriebsfremde Aufwendungen** (z.B. Spenden an politische Parteien; Aufwendungen, die auf Wertpapiergeschäfte zurückzuführen sind) oder

- das „normale“ Betriebsergebnis verzerren: **Außerordentliche Aufwendungen** (z.B. Unfallschäden, die nicht durch eine Versicherung gedeckt sind; Aufwendungen für die Stilllegung von Betriebsteilen (Sozialpläne); außerordentliche Forderungsausfälle) oder

- nicht in die Abrechnungsperiode gehören: **Periodenfremde Aufwendungen** (z.B. Nachzahlung von Gewerbesteuer).

Für Krankenhäuser und Pflegeeinrichtungen gibt es noch besondere Abgrenzungen, weil die sogenannte „duale Finanzierung“ zu berücksichtigen ist und einige Kostenarten nicht in die Kalkulation gehören. Darauf soll später eingegangen werden[4].

Die Abgrenzung kann so durchgeführt werden, dass man zwei voneinander getrennte **Rechnungskreise** schafft, Rechnungskreis I Finanzbuchhaltung und Rechnungskreis II **Betriebsbuchhaltung**. Beide Rechnungskreise werden über einen Abgrenzungsbereich miteinander verbunden.

In der weiter unten dargestellten **Tabelle 1** (Seite 23) werden im Rechnungskreis I alle Aufwendungen und Erträge aus der Finanzbuchhaltung jeweils in ihren Summen dargestellt (Spalten 2 und 3). Der Saldo im Rechnungskreis I ist der Gewinn (oder Verlust) laut GuV. Im Abgrenzungsbereich (Neutraler Bereich – Spalten 4 und 5) werden die neutralen Aufwendungen und Erträge eingetragen. Eine Saldierung dieser Werte führt dann zum neutralen Ergebnis.

Im Kosten- und Leistungsbereich (Spalten 6 und 7) erscheinen alle Zweckaufwendungen und Zweckerträge, also Kosten und Leistungen. Der Saldo ist das Betriebsergebnis.

Wenn kostenrechnerische Korrekturen (Anders- und Zusatzkosten) zu berücksichtigen sind, dann wird der Rechnungskreis II erweitert (siehe Tabelle 2, Seite 24).

Im Beispiel Tabelle 2 auf Seite 24 weichen die bilanziellen (Spalte 2: 15.000) und kalkulatorischen (Spalte 8: 8.000) Abschreibungen voneinander ab (Anderskosten). Ferner wurde eine kalkulatorische Miete (Spalte 8: 10.000) berücksichtigt (Zusatzkosten). Diese Beträge wurden bei den Kostenrechnerischen Korrekturen (Spalten 6 und 7) eingetragen.

[4] Siehe Abschnitt 7: Duale Finanzierung und Kostenrechnung, Seite 173

Die verrechneten Kosten (8.000) sind bei den Abschreibungen geringer als der verrechnete Aufwand (15.000); das Betriebsergebnis ist in diesem Falle günstiger als das Gesamtergebnis. Folglich wird man einen „Mehraufwand" in Höhe von 7.000 neutralisieren.

Bei der kalkulatorischen Miete ist das Betriebsergebnis um 10.000 niedriger als das Gesamtergebnis (Rechnungskreis I). Zum Ausgleich wird ein „Mehrertrag" als kostenrechnerische Korrektur von 10.000 gebildet.

Die kostenrechnerischen Korrekturen betreffen diejenigen Kosten oder Leistungen, die im Rechnungskreis I nicht oder in anderer Höhe erscheinen. Die entsprechenden Werte werden aus dem Rechnungskreis I und aus der Betriebsergebnisrechnung (Spalten 8 und 9) übernommen.

Führt man die Salden des Rechnungskreises II zusammen, dann ergibt das den Gewinn oder Verlust laut GuV (Rechnungskreis I).

Neutrale Aufwendungen	-30.000
Neutrale Erträge	+31.000
Neutrales Ergebnis	+1.000
Verrechnete Aufwendungen	-15.000
Verrechnete Kosten	+18.000
Ergebnis kostenrechnerische Korrekturen (-7.000 + 10.000)	+3.000
Kosten	-288.000
Erlöse (Leistungen)	+310.000
Betriebsergebnis	+22.000
Betriebsergebnis	+22.000
Neutrales Ergebnis	+1.000
Ergebnis kostenrechnerische Korrekturen	+3.000
Ergebnis laut GuV	+26.000

Da hier nur beispielhaft die Abgrenzung von Aufwendungen und Kosten bei zwei möglichen kalkulatorischen Kosten (kalkulatorische Abschreibungen und kalkulatorische Miete) beschrieben wurde, sollen im nächsten Abschnitt kalkulatorischen Kosten ausführlicher dargestellt werden.

2. Aufgabe

(1) Was versteht man unter

a) Einzahlung, Auszahlung;
b) Ausgaben, Einnahmen;
c) Aufwendungen, Erträge;
d) Kosten, Leistungen?

(2) Was versteht man unter dem Begriff „Umsatz“?

(3) Was versteht man unter dem Begriff „Erlöse“?

(4) In der Kostenrechnung kommt der Begriff der „sachlichen Abgrenzung“ vor. Was versteht man darunter?

(5) Beschreiben Sie, was ein „neutraler Aufwand“ ist.

(6) Was versteht man in der Kosten- und Leistungsrechnung unter „kalkulatorischen Kosten“?

Tabelle 1 Sachliche Abgrenzung – ohne Anders- und Zusatzkosten

Konten (Beispiele – nicht vollständig)	Rechnungskreis I		Rechnungskreis II (Betriebsbuchhaltung)			
	Finanzbuchhaltung		Abgrenzungsbereich		Kosten- und Leistungsbereich	
	GuV		Neutraler Bereich		Betriebsergebnis	
	Aufwendungen	Erträge	Aufwendungen	Erträge	Kosten	Leistungen
(1)	(2)	(3)	(4)	(5)	(6)	(7)
Erlöse		300.000				300.000
andere betriebliche Erträge		10.000				10.000
Zinserträge		1.000		1.000		
Mieterträge		15.000		15.000		
Sonstige betriebsfremde Erträge		15.000		15.000		
Löhne	100.000				100.000	
Wirtschaftsbedarf	50.000				50.000	
andere betriebliche Aufwendungen	120.000				120.000	
Spenden	5.000		5.000			
Sonst. betriebsfremde Aufwendungen	30.000		30.000			
Kontrolle Abstimmung	305.000	341.000	35.000	31.000	270.000	310.000
	36.000			4.000	40.000	
	341.000	341.000	35.000	35.000	310.000	310.000
	Gewinn		Neutrales Ergebnis		Betriebsergebnis	
	36.000		- 4.000		40.000	

Tabelle 2 Sachliche Abgrenzung - mit Anders- und Zusatzkosten

Bezeichnung	Rechnungskreis I		Rechnungskreis II (Betriebsbuchhaltung)					
	Ergebnisbereich GuV		Abgrenzungsbereich				Kosten- u. Leistungsbereich	
	Finanzbuchhaltung		Unternehmensbezogene Abgrenzung		Kostenrechnerische Korrekturen		Betriebsergebnisrechnung	
	Aufwendungen	Erträge	neutrale Aufwendungen	neutrale Erträge	verrechnete Aufwendungen	verrechnete Kosten	Kosten	Leistung
(1)	(2)	(3)	(4)	(5)	(6)	(7)	(8)	(9)
	(-)	(+)	(-)	(+)	(-)	(+)	(-)	(+)
Erlöse		300.000						300.000
andere betriebliche Erträge		10.000						10.000
Zinserträge		1.000		1.000				
Mieterträge		15.000		15.000				
sonstige betriebliche Erträge		15.000		15.000				
Löhne	100.000						100.000	
Wirtschaftsbedarf	50.000						50.000	
andere betriebliche Aufwendungen	120.000						120.000	
Spenden	5.000		5.000					
betriebsfremde Aufwendungen	25.000		25.000					
Abschreibungen	**15.000**				**15.000**	**8.000**	**8.000**	
Kalkulatorische Miete						**10.000**	**10.000**	
Summe	315.000	341.000	30.000	31.000	15.000	18.000	288.000	310.000
Salden	26.000		1.000		3.000		22.000	

3. Aufgabe

Ordnen Sie die nachstehenden 6 betrieblichen Vorgänge den weiter unten stehenden Begriffen zu:

1. Erheblicher Brandschaden im Keller, der nur zum Teil durch die Versicherung gedeckt ist
2. Beträge aus der Kasse werden auf das Bankkonto eingezahlt
3. Rechnungseingang für die Instandhaltung der Heizung
4. Reisekostenvorschuss wird bar ausgezahlt
5. Kauf von 20 Pflegebetten auf Ziel
6. Begleichung einer Lieferantenrechnung durch Banküberweisung

Begriffe des Rechnungswesens:

- Kosten:..
- Neutraler Aufwand:..
- Ausgabe:...
- Einnahme:...

4. Aufgabe

Nennen Sie für die folgenden Aufwandsarten je ein Beispiel:

a) Betriebsfremder Aufwand:
b) Außerordentlicher Aufwand:
c) Periodenfremder Aufwand:

5. Aufgabe

Ordnen Sie die Begriffe neutrale Aufwendungen, Zweckaufwendungen und Grundkosten den folgenden Sachverhalten zu; bei den neutralen Aufwendungen entscheiden Sie, ob es sich um betriebsfremde, außerordentliche oder periodenfremde Aufwendungen handelt:

a) Eingekaufte Lebensmittel werden in der Küche verarbeitet.
b) Spende an einen Sportverein.
c) Verkauf eines Fotokopiergerätes für 200 €. Das Gerät hat noch einen Buchwert von 500 €.
d) Überweisung von 2.000 € Gewerbesteuer. Dafür hatte man im Vorjahr eine Rückstellung in Höhe von 1.500 € gebildet.

6. Aufgabe

Bei den nachstehenden Geschäftsvorfällen entscheiden Sie bitte, ob es sich um Ausgaben, Aufwendungen oder Kosten handelt. (Mehrfachnennungen sind möglich)

a) Zahlung einer Tilgungsrate für ein aufgenommenes Darlehen
b) Abschreibung auf den Fuhrpark
c) Lohn und Gehälter werden gezahlt
d) Verbrauch von Lebensmitteln

7. Aufgabe

Wie bezeichnet man die mit A bis D gekennzeichneten Felder?

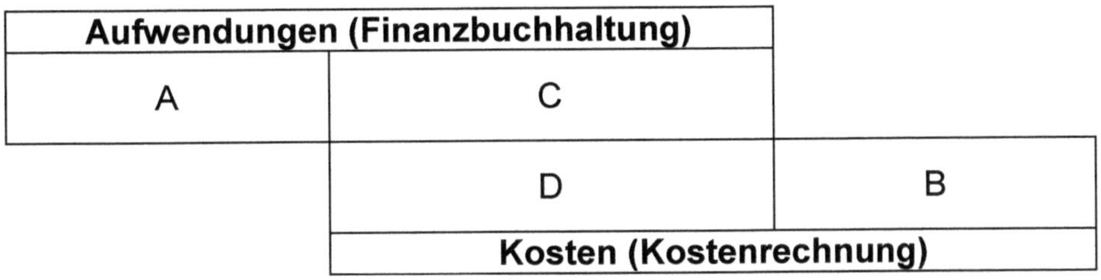

8. Aufgabe

Hinweis: die Pflegeeinrichtung erhält keine öffentliche Unterstützung

Nr.	Bezeichnung	€
	Erträge	
1	Erträge aus allgemeinen Pflegeleistungen	2.355.600
2	Erträge aus Unterkunft und Verpflegung	840.300
3	Erträge für Investitionskosten	200.000
4	Erträge aus Finanzanlagen	53.600
5	Zinsen und ähnlich Erträge	1.200
6	Außerordentliche Erträge	33.400
	Aufwendungen	
1	Personalaufwand	2.830.000
2	Materialaufwand	450.000
3	Steuern, Abgaben, Versicherungen	6.000
4	Mieten, Pacht, Leasing	25.600
5	Abschreibungen	43.000
6	Neutrale Aufwendungen	15.000
	Ergebnis (Gewinn)	114.500

Ermitteln Sie

a) die Betriebserträge,
b) den Zweckaufwand,
c) das neutrale Ergebnis,
d) das Betriebsergebnis.
e) Wie beurteilen Sie das Gesamtergebnis?

9. Aufgabe (Stationäre Pflegeeinrichtung)

Ertrags- und Aufwandsstruktur

Ertragsart	Berichtsjahr		Vorjahr	
	Tsd. €	%	Tsd. €	%
Erträge allgemeine Pflegeleistungen	5.155	71,8	5.002	73,0
Erträge aus Unterkunft und Verpflegung	1.325	18,4	1.250	18,3
Erträge aus Zusatzleistungen	85	1,2	55	0,8
Erträge aus Investitionen	432	6,0	398	5,8
Sonstige betriebliche Erträge	126	1,8	120	1,8
Summe	7.123	99,2	6.825	99,7
Außerordentliche Erträge	56	0,8	20	0,3
Summe Gesamterträge	7.179	100,0	6.845	100,0

Aufwandsart	Berichtsjahr		Vorjahr	
	Tsd. €	%	Tsd. €	%
Personalaufwand	5.185	72,2	5.102	74,5
Materialaufwand	1.360	18,9	1.275	18,6
Abschreibungen	374	5,2	370	5,4
Sonstige betriebliche Aufwendungen	148	2,1	48	0,7
Außerordentliche Aufwendungen	37	0,5	22	0,3
Summe Gesamtaufwand	7.104	98,9	6.817	99,5
Jahresüberschuss	75	1,1	28	0,5
Summe	7.179	100,0	6.845	100,0

Ermitteln Sie die Betriebsergebnisse für das Berichts- und das Vorjahr.

10. Aufgabe (Stationäre Pflegeeinrichtung)

Wie beurteilen Sie die Ergebnisse des nachstehenden Beispiels?

Gewinn laut GuV und Betriebsergebnis	
	Tsd.
Erträge aus Pflegeleistungen	5.155
Erträge aus Unterkunft und Verpflegung	1.325
Erträge aus Zusatzleistungen	85
Erträge aus Investitionskosten	432
Sonstige betriebliche Erträge	126
Betriebliche Erträge	**7.123**
Neutrale Erträge	**102**
Gesamterträge	**7.225**
Personalaufwendungen	5.230
Materialaufwendungen	1.360
Abschreibungen	398
Sonstige betriebliche Aufwendungen	144
Betriebliche Aufwendungen	**7.132**
Neutrale Aufwendungen	**37**
Gesamtaufwendungen	**7.169**
Betriebsergebnis	**-9**
Neutrales Ergebnis	**65**
Gewinn laut GuV	**56**

11. Aufgabe

Entscheiden Sie bei den Geschäftsvorfällen einer Pflegeeinrichtung, ob es sich um Ausgaben/Einnahmen, Aufwendungen/Erträge, Kosten/Leistungen handelt. Mehrfachnennungen sind möglich. Machen Sie in den entsprechenden Kästchen ein „x“. Mehrfachnennungen sind möglich.

Nr.	Geschäftsvorfall	Zahlungsvorgänge		Finanzbuchhaltung		Kosten- und Leistungsrechnung	
		Ausgaben	Einnahmen	Aufwendungen	Erträge	Kosten	Leistungen
1	Zahlung von Überstunden						
2	Arztrechnung an Privatpatienten						
3	Überweisung von Lohnsteuer für Arbeitnehmer						
4	Privatpatient begleicht seine Rechnung durch Überweisung						
5	Mitarbeiterdarlehen wird ausgezahlt						
6	Eingang der Mieten bei der Bank						
7	Barkauf von Büromateriel						
8	Abrechnung mit der Pflegekasse						
9	Pflegekasse überweist an die Pflegeeinrichtung die Pflegepauschalen						
10	Mitarbeiter zahlen für ihre eigene Beköstigung in bar						

12. Aufgabe

Folgende Informationen aus der Finanzbuchhaltung liegen Ihnen vor:

Außerordentliche Aufwendungen 15.000
Zusatzkosten 12.000
Eigenkapital am Jahresanfang 1.650.000
Betriebsfremde Aufwendungen 4.500
Leistungen 156.000
Summe der Aufwendungen 158.250
Summe der Erträge 165.000
Periodenfremde Erträge 2.625
Gesamtkosten 138.750
Betriebsfremde Erträge 6.375

Ermitteln Sie aus diesem Informationsmaterial

a) das Betriebsergebnis und
b) den Gewinn.

13. Aufgabe

Ihnen liegt folgende Quittung vor:

Quittung	€ ---250,00---
-----zweihundertfünfzig-----------	
von *Seniorenzentrum Elbblick (J.Kröger)*	
für *Spende*	
erhalten zu haben, bescheinigt:	
Hamburg	, den *30. Dez. 2009*
	DRK Deutsches Rotes Kreuz Hamburg

Sie haben die Aufgabe, das Betriebsergebnis des Jahres 2010 zu überprüfen. Dabei stoßen Sie auf den obigen Beleg.
Prüfen Sie, welche Beurteilung dazu richtig ist.

a) Die Spende an das DRK sind Kosten.
b) Die Spende an das DRK ist ein außerordentlicher Aufwand.
c) Die Spende an das DRK ist ein perioden- und betriebsfremder Aufwand.
d) Die Spende an das DRK ist ein außerordentlicher und ein periodenfremder Aufwand.
e) Die Spende an das DRK ist ein betriebsfremder Aufwand, der zu den Anderskosten gerechnet wird.

1.6 Kalkulatorische Kosten

Kalkulatorische Kosten sind Anders- und Zusatzkosten. Anderskosten weichen in ihrer Höhe von den Zweckaufwendungen ab; für die Zusatzkosten gibt es keine Aufwendungen in der Finanzbuchhaltung.

1.6.1 Kalkulatorische Abschreibungen

Bilanzielle Abschreibungen sind der Werteverzehr für materielle und immaterielle Gegenstände des Anlagevermögens, der auf die Jahre der Nutzungsdauer verteilt wird. Ursachen für diesen Werteverzehr können Verschleiß, Minderung aufgrund technischen Fortschritts u.a. sein. Kalkuliert man Abschreibungen in die Preise der zu verkaufenden Leistungen, steigt das Geldvermögen durch den Verkauf dieser Leistungen. Dadurch ist die Finanzierung einer Wiederbeschaffung der Anlagegüter gesichert.

Steuerrechtliche Vorschriften für die bilanzielle Abschreibung verlangen, dass nur die Anschaffungs- oder Herstellungskosten berücksichtigt werden. Dadurch wird lediglich der nominelle Wert erhalten. Preiserhöhungen der wieder zu beschaffenden Anlagegüter werden so nicht berücksichtigt. Ferner sind die Nutzungsdauer und die Abschreibungsmethode durch Gesetze zum Schutze der Gläubiger geregelt und entsprechen nicht immer der tatsächlichen Nutzungsdauer.

Für die kalkulatorische Abschreibung gibt es keine gesetzliche Regelung. Ziel der kalkulatorischen Abschreibung ist es, eine substanzielle Werterhaltung des Betriebsvermögens zu sichern. Hier geht es um eine möglichst genaue Erfassung des verursachungsgerechten Werteverzehrs mit dem Ziel, die Substanz des Betriebsvermögens zu erhalten. Da das Anlagevermögen substanziell bestehen bleiben soll, wird man die zukünftigen Wiederbeschaffungswerte heranziehen. Als Abschreibungsmethode benutzt die Praxis in der Regel die lineare Abschreibung.

Zusammenfassung

Bei der kalkulatorischen Abschreibung

- geht man vom betriebsnotwendigen Anlagevermögen aus,
- nimmt man die Wiederbeschaffungswerte,
- ist die tatsächliche Nutzungsdauer maßgeblich,
- wird in der Regel die lineare Abschreibungsmethode benutzt.

Beispiel kalkulatorische Abschreibung

Für die bilanzielle Abschreibung:
Anschaffungskosten: .... 28.000 €
Nutzungsdauer laut Abschreibungstabelle: ..7 Jahre
Lineare Abschreibung

Für die kalkulatorische Abschreibung:
Geschätzter Wiederbeschaffungswert: ....30.000 €
Nutzungsdauer: .... 10 Jahre
Lineare Abschreibung

Jahr	bilanzielle Abschreibung		kalkulatorische Abschreibung
	Anschaffungswert: 28.000,00		Wiederbeschaffungswert: 30.000,00
	Abschreibung	Buchwert	Abschreibung
1	4.000,00	24.000,00	3.000,00
2	4.000,00	20.000,00	3.000,00
3	4.000,00	16.000,00	3.000,00
4	4.000,00	12.000,00	3.000,00
5	4.000,00	8.000,00	3.000,00
6	4.000,00	4.000,00	3.000,00
7	4.000,00	0,00	3.000,00
8	-	-	3.000,00
9	-	-	3.000,00
10	-	-	3.000,00

Nach 10 Jahren sind insgesamt 30.000,00 € in die Preise kalkuliert worden, sodass die Substanz des Betriebes erhalten bleibt. Vorausgesetzt, dass die Preise am Markt erzielt wurden und der Wiederbeschaffungswert richtig geschätzt wurde.

1.6.2 Kalkulatorische Zinsen

Die Zinsen, die das Unternehmen für das aufgenommene Kapital (= Fremdkapital) zahlt, werden in der Finanzbuchhaltung als Aufwand gebucht. Würde man nur diese Zinszahlungen in die Kostenrechnung übernehmen, so würde das einen zwischenbetrieblichen Vergleich verzerren, weil die Unternehmungen mit unterschiedlicher Fremdkapitalhöhe ausgestattet sind. Die Höhe des Fremdkapitals hat keinen direkten Bezug zum eigentlichen Betriebszweck.

In der Kostenrechnung werden die Zinsen vom betriebsnotwendigen Kapital berechnet. Das betriebsnotwendige Kapital ist das Kapital, das für die betriebliche Leistungserstellung notwendig ist. Das betriebsnotwendige Kapital beinhaltet sowohl Eigen- als auch Fremdkapital. Da für das Eigenkapital tatsächlich keine Zinsen zu zahlen sind, andererseits man aber davon ausgehen kann, dass dieses Kapital bei einer anderen Anlage Zinserträge bringen würde, wird man in der Kostenrechnung diesen Nutzungsentgang[5] einbeziehen.

Wegen des bilanziellen Gleichgewichts zwischen Vermögen und Kapital, lässt sich das betriebsnotwendige Kapital wie folgt berechnen:

Betriebsnotwendiges Anlagevermögen
plus Betriebsnotwendiges Umlaufvermögen
= Betriebsnotwendiges Vermögen
= Betriebsnotwendiges Kapital
minus Abzugskapital[6]
= zu verzinsendes Betriebsnotwendiges Kapital

Das betriebsnotwendige Anlagevermögen setzt sich zusammen aus dem nicht abnutzbaren Anlagevermögen (z.B. Grundstücke) und dem abnutzbaren Anlagevermögen. Das betriebsnotwendige abnutzbare Anlagevermögen ergibt sich aus der Rechnung:[7]

[5] Man bezeichnet diesen Nutzungsentgang auch als Opportunitätskosten. (opportunity [englisch] = Gelegenheit)

[6] Zum Abzugskapital gehört das zinsfrei zur Verfügung stehende Fremdkapital: Z.B. Rückstellungen, Kundenanzahlungen, Verbindlichkeiten aus Lieferungen und Leistungen

[7] Eine andere Berechnung des betriebsbedingten abnutzbaren Anlagevermögens verwendet eine Durchschnittsmethode. Hier werden die Anschaffungswerte bzw. Wiederbeschaffungswerte einfach halbiert.

Anschaffungs- bzw. Wiederbeschaffungswerte
- kalkulatorische Abschreibungen

= kalkulierte Restwerte

Nicht betriebsnotwendige Anlagewerte sind abzuziehen.

Für das betriebsnotwendiges Umlaufvermögen bildet man in der Regel Durchschnittswerte [(Anfangsbestand + Endbestand) : 2].

Das betriebsnotwendige Vermögen ist um das Abzugskapital zu mindern. Hier handelt es sich vor allem um zinslose Darlehen, Rückstellungen, Anzahlungen von Kunden und Lieferantenkredite.

Das betriebsnotwendige Kapital wird mit einem landesüblichen Zinssatz (Zinssatz für langfristige, risikofreie Anlagen) multipliziert. Das Ergebnis sind die kalkulatorischen Zinsen, die in die Kostenrechnung eingehen.

Beispiel **kalkulatorische Zinsen**

Vermögen			in €
Grundstück	Anschaffungskosten		500.000
Gebäude Nutzungsdauer 25 Jahre	Anschaffungskosten		1.600.000
- Restbuchwertmethode im 10. Jahr			
Einrichtungen und Ausstattungen Nutzungsdauer 10 Jahre	Anschaffungskosten		1.000.000
- Restbuchwertmethode im 5. Jahr			
Vorräte	AB 200.000	EB 180.000	
Geldkonten	AB 50.000	EB 60.000	
Forderungen	AB 400.000	EB 500.000	
Verbindlichkeiten aLL[8]	AB 400.000	EB 300.000	
Rückstellungen	AB 30.000	EB 50.000	
Anzahlungen von Kunden	AB 10.000	EB 20.000	
AB = Anfangsbestand EB = Endbestand			
Landesüblicher Zinssatz			6,5 %
Zinsaufwendungen laut GuV			110.000

[8] aLL = aus Lieferungen und Leistungen

1. Berechnung des zu verzinsenden betriebsnotwendigen Kapitals

Grundstücke	500.000
Gebäude Anschaffungskosten 1.600.000, Nutzungsdauer 25 Jahre Abschreibung 9 Jahre 576.000 ½ Abschreibung im 10. Jahr 32.000[9]	992.000
Einrichtungen und Ausstattungen Nutzungsdauer 10 Jahre Abschreibung 4 Jahre 400.000 ½ Abschreibung im 5. Jahr 50.000	550.000
Betriebsnotwendiges Anlagevermögen	**2.042.000**
Vorräte (200.000 + 180.000) : 2 =	190.000
Geldkonten (50.000 + 60.000) : 2 =	55.000
Forderungen (400.000 + 500.000) : 2 =	450.000
Betriebsnotwendiges Umlaufvermögen	**695.000**
Verbindlichkeiten: Lieferungen u Leistungen (400.000 + 300.000) :2 =	350.000
Rückstellungen (30.000 + 50.000) : 2 =	40.000
Anzahlungen von Kunden (10.000 + 20.000) : 2 =	15.000
Abzugskapital	**405.000**
Betriebsnotwendiges Anlagevermögen	2.042.000
+ Betriebsnotwendiges Umlaufvermögen	695.000
- Abzugskapital	- 405.000
zu verzinsendes betriebsnotwendiges Kapital	**2.332.000**

2. Berechnung der kalkulatorischen Zinsen

   2.332.000 x 6,5 % = 151.580 € kalkulatorische Zinsen

3. Berechnung des betriebsnotwendigen Kapitals nach der Durchschnittsmethode (nächste Seite)

[9] Eine halbe Abschreibung wird deswegen gewählt, weil dadurch die durchschnittliche Kapitalbindung innerhalb eines Jahres berücksichtigt wird.

Grundstücke		500.000
Gebäude Anschaffungskosten	1.600.000	
Einrichtungen und Ausstattungen Anschaffungskosten	1.000.000	
	2.600.000	
	davon 1/2	1.300.000
Betriebsnotwendiges Anlagevermögen		1.800.000
+ Betriebsnotwendiges Umlaufvermögen		695.000
- Abzugskapital		- 405.000
Betriebsnotwendiges Kapital		1.890.000

Zusammenfassung

- Tatsächlich gezahlte Zinsen gehören wegen der unterschiedlichen Kapitalstruktur nicht in die Kostenrechnung.
- Kalkulatorische Zinsen werden vom betriebsnotwendigen Kapital berechnet.
- Betriebsnotwendiges Kapital = betriebsnotwendiges Vermögen minus Abzugskapital.
- Das abnutzbare Anlagevermögen kann nach der Restwertmethode oder nach der Durchschnittsmethode berechnet werden.

1.6.3 Kalkulatorische Wagnisse

Jedes Unternehmen trägt das Risiko, als Ganzes zu scheitern. Das kann durch negative Veränderungen der gesamtwirtschaftlichen Entwicklung (z.B. Nachfrageveränderungen, Konjunktureinbrüche u.a.) passieren. Solche Ereignisse sind nicht oder nur sehr schwer vorhersehbar. Sie lassen sich weder versichern noch sind sie kalkulierbar. Daraus entstehende Verluste müssen durch das Eigenkapital gedeckt werden.

Einzelwagnisse betreffen die Leistungserstellung und Leistungsverwertung. Erfahrungswerte machen es möglich, solche Wagnisse zu kalkulieren. Typische Einzelwagnisse sind:

- Anlagenwagnisse (Veräußerungsverluste, Katastrophenschäden),
- Bestandswagnisse (Lagerverluste),
- Produktionswagnisse oder Wagnisse bei der Leistungserbringung (Fehler in der Behandlung oder Pflege),
- Forderungswagnisse (Forderungsausfälle),
- Gewährleistungswagnisse (Ersatzlieferungen, Reparaturen im Rahmen von Garantieleistungen).

Tatsächliche Verluste, die durch Einzelereignisse entstehen, werden als Aufwand in der Finanzbuchhaltung erfasst. Diese Verluste sind unregelmäßig und in ihrer Höhe unterschiedlich. Diese Zahlen eigenen sich nicht für eine Übernahme in die Kostenrechnung.

Man geht daher von durchschnittlichen Werten aus, die sich aus der Betrachtung eines längeren Zeitraums ergeben (meist 3-5 Jahre).

Beispiel **kalkulatorische Wagnisse**

Durchschnittlicher Forderungsbestand der letzten 4 Jahre, die einem allgemeinen Kreditrisiko unterliegen:

1. Jahr: 530.000 2. Jahr: 580.000 3. Jahr: 550.000 4. Jahr: 560.000

(530.000 + 580.000 + 550.000 + 560.000) : 4 =
2.220.000 : 4 = 555.000 € durchschnittlicher Forderungsbestand

Im gleichen Zeitraum betrugen die Forderungsausfälle im Durchschnitt: 8.765 €.
Setzt man diese beiden Durchschnitte ins Verhältnis, so erhält man den durchschnittlichen Forderungsausfall in %:
8.765 : 555.000 x 100 = 1,58 %

Im 5. Jahr beläuft sich der Forderungsbestand auf 570.000 €. Die tatsächlichen Forderungsausfälle sind 11.300 €. Dieser Ausfall wird in der Finanzbuchhaltung erfasst.

1,58 % von 570.000 = 9.006 € kalkulatorische Wagnisse im 5. Jahr
11.300 – 9.006 = 2.294 € Kostenrechnerische Korrektur (verrechnete Kosten).

Die bisherigen kalkulatorischen Kosten (kalkulatorische Abschreibung, kalkulatorische Zinsen und kalkulatorische Wagnisse) können zu den Anderskosten gerechnet werden, weil die Kosten von den gebuchten Aufwendungen abweichen.

Die folgenden kalkulatorischen Kosten sind dagegen Zusatzkosten.

1.6.4 Kalkulatorischer Unternehmerlohn

Ein kalkulatorischer Unternehmerlohn kommt nur bei Einzelunternehmungen und bei Personengesellschaften vor. Der Eigentümer der Einzelunternehmung sowie der mitarbeitende Gesellschafter erhalten kein Gehalt, sondern ihre Mitarbeit wird aus dem Gewinn gezahlt.

Um mit anderen Unternehmungen in einer anderen Rechtsform (GmbH, AG) vergleichbar zu sein, muss man bei Einzelunternehmungen und bei Personengesellschaften ein fiktives Gehalt als kalkulatorische Kosten kalkulieren. Das fiktive Gehalt entspricht einem vergleichbaren Gehalt eines Geschäftsführers einer GmbH oder eines Vorstandsmitglieds einer AG gleichen Geschäftszweiges und gleicher Größe.

1.6.5 Kalkulatorische Miete

Unternehmungen, die Räume für ihre Tätigkeit mieten, zahlen dafür Miete, die in der Finanzbuchhaltung erfasst wird und in voller Höhe in die Kostenrechnung eingeht.

Unternehmen in eigenen Räumen verzichten auf eine Einnahme durch Vermietung. Diese entgangene Einnahme wird durch eine kalkulatorische Miete erfasst. Ihre Höhe entspricht einer vergleichbaren Miete, die man zahlen müsste, wenn man entsprechende Räume mieten müsste. Abzuziehen sind davon die kalkulatorischen Zinsen und die kalkulatorischen Abschreibungen für die Gebäude sowie die Instandhaltungskosten.

1.6.6 Bedeutung der kalkulatorischen Kosten für das Unternehmen

Durch die Berücksichtigung von kalkulatorischen Kosten wird die Kostenrechnung genauer, weil der tatsächliche Werteverzehr in der Kalkulation berücksichtigt wird.

Die nachstehende **Tabelle 3** (Seite 42) soll beispielhaft verdeutlichen, welche Bedeutung kalkulatorische Kosten für ein Unternehmen haben.

In der Finanzbuchhaltung wurde ein Gewinn von 189.000 € erzielt (GuV). Die unternehmensbezogene Abgrenzung (Zinserträge und Spenden) spielt hier nur eine untergeordnete Rolle.

Die Kosten- und Leistungsrechnung führt vor allem wegen der kalkulatorischen Kosten zu einem Verlust von 85.000 €.

In diesem Falle muss die Unternehmensleistung sich fragen, wie sie das eigentliche Geschäft gestalten soll, um zu einem besseren Ergebnis zu kommen.

Tabelle 3 Sachliche Abgrenzung								
Bezeichnung	Rechnungskreis I		Rechnungskreis II (Betriebsbuchhaltung)					
	Ergebnisbereich GuV		Abgrenzungsbereich				Kosten- u. Leistungsbereich	
	Finanzbuchhaltung		Unternehmensbezogene Abgrenzung		Kostenrechnerische Korrekturen		Betriebsergebnisrechnung	
	Aufwendungen	Erträge	neutrale Aufwendungen	neutrale Erträge	verrechnete Aufwendungen	verrechnete Kosten	Kosten	Leistung
(1)	(2)	(3)	(4)	(5)	(6)	(7)	(8)	(9)
	(-)	(+)	(-)	(+)	(-)	(+)	(-)	(+)
Erlöse		1.000.000						1.000.000
andere betriebliche Erträge		200.000						200.000
Zinserträge		5.000		5.000				
Löhne	900.000						900.000	
Wirtschaftsbedarf	50.000						50.000	
andere betriebliche Aufwendungen	10.000						10.000	
Spenden	4.000		4.000					
Kalkulatorische Zinsen						150.000	150.000	
Kalkulatorische Wagnisse	12.000				12.000	9.000	9.000	
Kalkulatorischer Unternehmerlohn						100.000	100.000	
Abschreibungen	40.000				40.000	30.000	30.000	
Kalkulatorische Miete						36.000	36.000	
Summe	1.016.000	1.205.000	4.000	5.000	52.000	325.000	1.285.000	1.200.000
Salden	**189.000**	**Gewinn**	1.000		273.000		**Verlust**	**85.000**

14. Aufgabe

Warum sind kalkulatorische Mieten nicht Grundkosten, sondern Zusatzkosten?

15. Aufgabe

Vervollständigen Sie die nachstehende Tabelle (siehe nächste Seite).

Kalkulatorische Zinsen: 40.000
Kalkulatorische Wagnisse: 8.000
Kalkulatorische Abschreibungen: 25.000
Kalkulatorische Miete: 30.000

16. Aufgabe

Ein Betrieb kauft eine Maschine für 240.000 €. Die betriebsgewöhnliche Nutzungsdauer beträgt 10 Jahre. Die bilanzielle Abschreibung soll 20 % degressiv sein. Die kalkulatorische Abschreibung ist linear.

a) (1) Wie hoch ist die bilanzielle Abschreibung im 3. Jahr?
   (2) Wie hoch ist die kalkulatorische Abschreibung im 3. Jahr?
b) „Kalkulatorische Abschreibungen sind kostenwirksam, aber ergebnisneutral". Begründen Sie diese Aussage.
c) Warum empfiehlt es sich, die kalkulatorische Abschreibung vom Wiederbeschaffungswert zu berechnen?

17. Aufgabe

Anschaffungskosten: 54.000 €
Bilanzielle Abschreibung: 6 Jahre linear
Kalkulatorische Abschreibung: 8 Jahre linear vom Wiederbeschaffungswert 64.000 €

Aufgabe: Erstellen Sie eine Tabelle für die bilanzielle und die kalkulatorische Abschreibung und wie sieht die kostenrechnerische Korrektur im 6. und 7. Jahr aus?

Tabelle zu Aufgabe 15

Bezeichnung	Rechnungskreis I		Rechnungskreis II (Betriebsbuchhaltung)					
	Ergebnisbereich GuV		Abgrenzungsbereich				Kosten- u. Leistungsbereich	
	Finanzbuchhaltung		Unternehmensbezogene Abgrenzung		Kostenrechnerische Korrekturen		Betriebsergebnisrechnung	
	Aufwendungen	Erträge	neutrale Aufwendungen	neutrale Erträge	verrechnete Aufwendungen	verrechnete Kosten	Kosten	Leistung
(1)	(2)	(3)	(4)	(5)	(6)	(7)	(8)	(9)
	(-)	(+)	(-)	(+)	(-)	(+)	(-)	(+)
Erlöse		**2.000.000**						
andere betriebliche Erträge		**100.000**						
Zinserträge		**300**						
Löhne	**1.800.000**							
Wirtschaftsbedarf	**150.000**							
andere betriebliche Aufwendungen	**30.000**							
Spenden	**4.000**							
Kalkulatorische Zinsen								
Kalkulatorische Wagnisse	**5.000**							
Abschreibungen	**40.000**							
Kalkulatorische Miete								
Summe								
Salden								

18. Aufgabe

Informationen:

Anschaffungskosten Anlagevermögen 600.000 €
bisherige (3 Jahre) kalkulatorische Abschreibung jährlich 10 %
Durchschnittlicher Bestand Umlaufvermögen 250.000 €
Durchschnittliche Schulden 400.000 €, darin enthalten Lieferantenkredite 200.000 €, Rückstellungen 20.000 €

a) Berechnen Sie das betriebsnotwendige Kapital nach der Restwertmethode!
b) Wie hoch sind die kalkulatorischen Zinsen bei einem Zinssatz von 8 %?
c) In der Finanzbuchhaltung erscheint der Posten Zinsaufwendungen mit einem Betrag von 40.000 €. Wie hoch ist die „kostenrechnerische Korrektur"?
d) Wie hoch ist das betriebsnotwendige Kapital bei der Durchschnittsmethode?

2 Teilgebiete und Systeme der Kostenrechnung (Überblick)

Zu den Kostenrechnungssystemen rechnet man die

- Kostenrechnung auf Vollkostenbasis (Vollkostenrechnung) und die
- Kostenrechnung auf Teilkostenbasis (Teilkostenrechnung).

Bei der **Vollkostenrechnung** werden alle Kosten in die verschiedenen Berechnungen (Kostenarten-, Kostenstellen-, Kostenträgerrechnung) einbezogen. Es werden auch solche Kosten bei der Preiskalkulation verrechnet, die nicht zweifelsfrei einer Leistung zuzuordnen sind. Das gilt auch für Kostenstellen. Eine Aufteilung der Kosten in variable und fixe Kosten wird in der Vollkostenrechnung vernachlässigt. Um den Erfolg einer Leistung zu ermitteln, werden die Kosten vom Preis abgezogen. Man spricht von einer Ermittlung des Netto-Erfolgs.

Die **Teilkostenrechnung** dagegen ermittelt einen Brutto-Erfolg, indem sie vom Erlös die Kosten subtrahiert, die dieser Leistung direkt und zweifelsfrei zugerechnet werden können. Die zu subtrahierenden direkten Kosten bezeichnet man als **variable Stückkosten**. Die Fixkosten werden nicht auf die einzelnen Leistungen verteilt.

Man spricht hier von einer **Deckungsbeitragsrechnung**: Erlös minus variable Stückkosten gleich Deckungsbeitrag (= Brutto-Erfolg). Die Summe aller Deckungsbeiträge soll die Fixkosten „decken“, sodass man durch die unterschiedliche Höhe der Deckungsbeiträge je Leistung urteilen kann, welche Leistung (Artikel) in welcher Höhe an der Deckung der Fixkosten beteiligt ist. Das gilt nicht nur für die Kostenträger (die einzelne Leistung), sondern auch für Kostenstellen.

Unabhängig von dem Kostenrechnungssystem kann man Ist-Werte, Plan-Werte und „Normal“-Werte in die Rechnungen einbeziehen. Die **Istkostenrechnung** arbeitet mit den tatsächlich angefallenen Kosten einer Rechnungsperiode. Die Istkostenrechnung arbeitet folglich mit Zahlen der Vergangenheit.

Die **Plankostenrechnung** dagegen ist eine Rechnung in die Zukunft. Man plant Kosten und Erlöse, die man sich für die Zukunft vorstellt, dass sie so auch zutreffen. Man bezeichnet diese Zahlen als Sollzahlen. Wenn dann die Istwerte vorliegen, dann kann man diese mit den Sollwerten vergleichen und bei Abweichungen die Ursachen der Abweichungen analysieren und gegebenenfalls Änderungen herbeiführen.

Der Zweck der **Normalkostenrechnung** ist, den „normalen“ Zustand des betrieblichen Geschehens darzustellen. Man geht von Durchschnittswerten aus, die z.B. aus den Istwerten der Vergangenheit ermittelt werden. Dadurch vermeidet man zufällig auftretende Schwankungen oder verteilt z.B. Zahlungen von Urlaubsgeldern gleichmäßig auf die Planungsperiode.

Kombination der Kostenrechnungssysteme

Zeitbezug / Umfang	Istkosten-rechnung	Normalkosten-rechnung	Plankosten-rechnung
Vollkostenrechnung	ja	ja	ja
Teilkostenrechnung	nicht üblich	nicht üblich	ja

Als traditionelle Kostenrechnungssysteme kann man die Voll- und Teilkostenrechnung sowie die Einzelkosten- und Deckungsbeitragsrechnung bezeichnen.

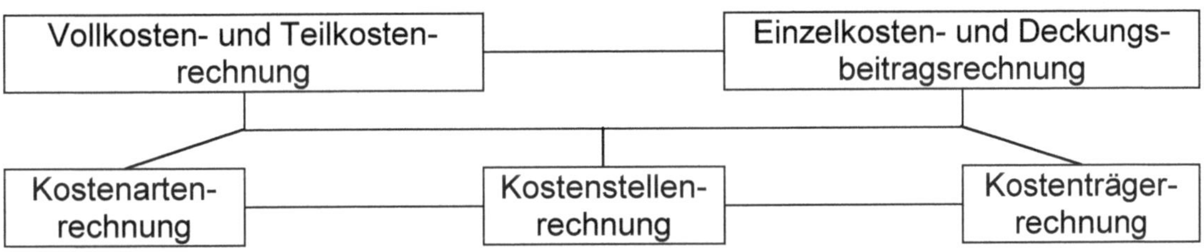

Ein Beispiel soll deutlich machen, dass die **Voll- und Teilkostenrechnung** zu unterschiedlichen Entscheidungen führen kann.

> Eine Leistung wird zu einem Preis von 50 € angeboten. Die variablen Kosten belaufen sich auf 30 € pro Leistung. Die Fixkosten betragen 10 € pro Leistung. Die Selbstkosten sind 40 € (30 + 10).
>
> Da der Betrieb noch nicht ausgelastet ist, die Kapazitätsgrenze also noch nicht erreicht ist, wird überlegt, ob man nicht diese Leistung an einer anderen Stelle für 38 € anbieten kann.
>
> Der Vollkostenrechner kommt zu dem Ergebnis, dass ein weiterer Verkauf zu 38 € pro Leistung nicht infrage kommt, weil der Verkaufspreis unter den Selbstkosten (40 €) liegt.
>
> In der Teilkostenrechnung kommt man jedoch zu einem anderen Ergebnis. Zieht man von dem neuen Verkaufserlös (38 €) die variablen Kosten in

Höhe von 30 € ab, so ergibt das einen zusätzlichen Deckungsbeitrag von 8 € pro Stück. Da die Fixkosten bereits durch den Verkauf zu 50 € gedeckt sind, stellen die 8 € pro Stück einen zusätzlichen Gewinn dar.

Tabelle zum Beispiel Voll- und Teilkostenrechnung

Verkauf 1.000 Leistungen	Preis pro Leistung 50 €	Gesamt
Erlös	50 €	50.000 €
variable Kosten	30 €	30.000 €
Fixkosten	10 €	10.000 €
Selbstkosten	40 €	40.000 €
Gewinn	10 €	**10.000 €**
Zusatzverkauf 1.000 Leistungen	Preis pro Leistung 38 €	Gesamt
Erlös	38 €	38.000 €
variable Kosten	30 €	30.000 €
Deckungsbeitrag	8 €	8.000 €
	Gesamtbetrachtung	
Verkauf 2.000 Leistungen	1.000 Leistungen zu 50 € 1.000 Leistungen zu 38 €	Gesamt
Erlös	88 : 2 = 44 €	88.000 €
variable Kosten	30 €	60.000 €
Fixkosten	10.000 : 2.000 = 5 €	10.000 €
Gewinn	18.000 : 2000 = 9 €	**18.000 €**

19. Aufgabe

1. Welcher Unterschied besteht zwischen Voll- und Teilkostenrechnung?
2. In welche drei Teilbereiche gliedert sich die Kostenrechnung?
3. Warum ist die Kostenartenrechnung die erste Stufe der Kosten- und Leistungsrechnung?

20. Aufgabe

Sind die nachfolgenden Aussagen richtig (+) oder falsch (-). Begründen Sie Ihr Ergebnis.

1. Das allgemeine Unternehmenswagnis wird nicht in der Kostenrechnung berücksichtigt. Dieses Risiko ist durch den Gewinn abzudecken.
2. Die Höhe der kalkulatorischen Abschreibung ist abhängig von der bilanziellen Abschreibung.
3. Kalkulatorische Abschreibungen sind immer Anderskosten.
4. Der Kalkulationssatz für die Berechnung der kalkulatorischen Zinsen richtet sich nach dem Kapitalmarktzins.
5. Kalkulatorische Zinsen werden vom betriebsnotwendigen Vermögen berechnet.
6. Die Wagnisse, die durch Fremdversicherungen abgedeckt sind, gehören nicht zu den kalkulatorischen Wagnissen.
7. Die bilanziellen Abschreibungen sind immer höher als die kalkulatorischen Abschreibungen.
8. Die Höhe der kalkulatorischen Abschreibung kann unabhängig von handelsrechtlichen und steuerrechtlichen Vorschriften berechnet werden.

3 Grundlagen der Istkostenrechnung auf Vollkostenbasis

Vorbemerkung
Die Istkostenrechnung wird hier hauptsächlich – und soweit sinnvoll – an Beispielen aus dem Krankenhaus dargestellt. Die Kostenrechnung für Pflegeeinrichtungen soll an anderer Stelle gesondert dargestellt werden.

3.1 Kostenartenrechnung

Die Hauptfrage, die sich die Kostenartenrechnung stellt, ist: Welche Kosten sind in welcher Höhe entstanden? Diese Frage wird gelöst durch die Erfassung und Darstellung der Kosten.

3.1.1 Kostenartengliederung

Eine Kostenartengliederung richtet sich vor allem nach dem Zweck oder dem Ziel der zu erledigenden Aufgabe. Welche Informationen werden in welcher Untergliederung und wofür benötigt? Im Laufe der Zeit sind bestimmte Gliederungen und Begriffe entstanden, die sich für die Handhabung der Kostenrechnung als nützlich erweisen.

3.1.1.1 Gliederung nach der Herkunft der Kostengüter

Man unterscheidet primäre und sekundäre Kosten. **Primäre Kosten** sind Kosten, die für eingekaufte Güter und Dienstleistungen gezahlt wurden. **Sekundäre Kosten** sind Kosten, die innerhalb des Betriebes für die Erzeugung innerbetrieblicher Leistungen entstehen (z.B. die Laborkosten im Krankenhaus).

Hinter den Sekundärkosten stehen Primärkosten. So setzen sich z.B. die Laborkosten zusammen aus den Primärkosten für Personal und Material.

In der Kostenartenrechnung werden nur primäre Kosten erfasst. Sekundäre Kosten entstehen bei der innerbetrieblichen Leistungsverrechnung. Z.B. werden die Laborkosten als Sekundärkosten auf **Endkostenstellen**[10] verteilt.

[10] Endkostenstelle, siehe Seite 75

3.1.1.2 Gliederung nach der Art der Zurechnung

Diese Einteilung ist vor allem wichtig für die Zuteilung der Kosten auf Kostenstellen oder Kostenträger oder bestimmte Leistungen. Man unterscheidet die Einzelkosten von den Gemeinkosten. **Einzelkosten** werden auch **direkte Kosten** genannt. Sie lassen sich einem Kostenträger oder einer Leistung direkt ohne Aufteilung zuordnen. In einem Krankenhaus sind typische **Einzelkosten** Kosten, die einem Patienten direkt zugeordnet werden z.B. Implantate und Prothesen.

Gemeinkosten (auch **indirekte Kosten** genannt) sind Kosten, die den Kostenstellen oder bestimmten Leistungen oder den Kostenträgern (z.B. Behandlungsfall) nur indirekt zugerechnet werden können. Das geschieht durch eine Schlüsselung.

Lassen sich Gemeinkosten direkt einer Kostenstelle (ohne Schlüsselung) zuordnen, dann bezeichnet man diese Gemeinkosten als Stelleneinzelkosten.

Übersicht

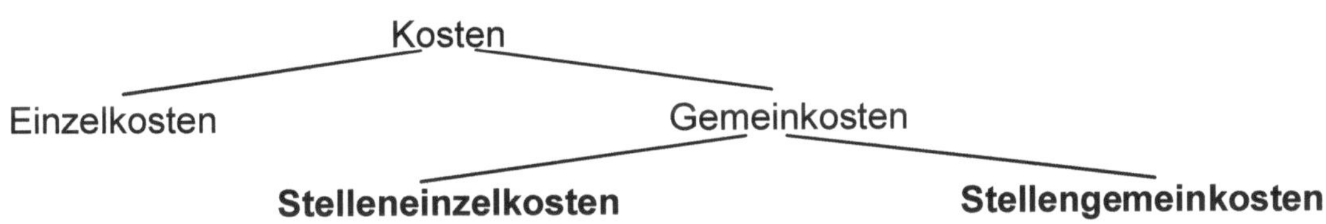

3.1.1.3 Gliederung nach ihrem Verhalten bei Beschäftigungsschwankungen

Nach ihrem Verhalten bei Beschäftigungsschwankungen unterscheidet man nach beschäftigungsunabhängigen (= **fixe Kosten**) und beschäftigungsabhängigen (= **variable Kosten**) Kosten.

Mit dem Begriff Beschäftigung meint man die Kapazitätsauslastung. In einem Krankenhaus oder einer stationären Pflegeeinrichtung wird für die Kapazitätsauslastung die Bettenauslastung herangezogen.

Diese Gliederung soll im Abschnitt 7 Plankostenrechnung weiter ausgeführt werden.

3.1.1.4 Gliederung nach der Art ihrer Entstehung

Die primären Kosten werden in der Praxis häufig nach der Art ihrer Entstehung gegliedert. Dabei kann man z.B. zu folgender Einteilung kommen:

- Arbeitskosten (z.B. Löhne, Gehälter, Lohn- und Gehaltsnebenkosten)
- Kapitalkosten (z.B. kalkulatorische Zinsen, kalkulatorische Abschreibung)
- Materialkosten (z.B. Roh-, Hilfs-, Betriebsstoffe, Fertigteile, Büromaterial)
- Fremdleistungskosten (z.B. Kosten für gekaufte Sach- und Dienstleistungen)
- Sonstige Kosten (z.B. Steuern, Gebühren und Abgaben)

3.1.1.5 Gliederung nach gesetzlich vorgeschriebenem Kontenrahmen

Der Kontenrahmen für Krankenhäuser zeigt in den Kontenklassen 6 und 7 die Aufwendungen.[11] In der Kontenklasse 6 sind alle Aufwendungen den Zweckaufwendungen zuzurechnen. Aufwendungen der Kontenklasse 6 sind also Kosten. Das gilt nicht für die Kontenklasse 7. Hier sind nicht alle aufgeführten Aufwendungen als Kosten zu sehen. Alle Aufwendungen, die auf eine staatliche Förderung von Investitionen zurückzuführen sind, sind keine pflegesatzfähigen oder DRG-fähigen Kosten; sie werden bei der Kalkulation von Fallpauschalen nicht berücksichtigt. Betroffen sind vor allem bei den Krankenhäusern die Kontengruppen 75 bis 77.

Überblick über die in der Anlage 4 der KHBV genannten Kontengruppen

	Kontengruppe		Kontengruppe
60	Löhne und Gehälter	70	Aufwendungen für zentrale Dienstleistungen
61	Gesetzliche Sozialabgaben	71	Wiederbeschaffte Gebrauchsgüter
62	Aufwendungen für Altersversorgung	72	Instandhaltung
63	Aufwendungen für Beihilfen und Unterstützung	73	Steuern, Abgaben, Versicherungen
64	Sonstige Personalaufwendungen	74	Zinsen und ähnliche Aufwendungen

[11] Das gilt auch für Pflegeeinrichtungen.

65	Lebensmittel und bezogene Leistungen	***75***	***Auflösung von Ausgleichsposten und Zuführung der Fördermittel nach dem KHG zu Sonderposten***
66	Medizinischer Bedarf	***76***	***Abschreibungen***
67	Wasser, Energie, Brennstoffe	***77***	***Aufwendungen für die Nutzung von Anlagegütern nach § 9 Abs. 2 Nr. 2 KHG***
68	Wirtschaftsbedarf	78	Sonstige ordentliche Aufwendungen
69	Verwaltungsbedarf	79	Übliche Aufwendungen

Die Kostenartenrechnung beschäftigt sich vor allem mit der Frage, welche Kosten entstanden sind.

Es wird geprüft, welche Aufwendungen (aus der Buchhaltung) Kosten sind. Die Aufwendungen, die keine Kosten sind, sind abzugrenzen (siehe hierzu Seite 19, Sachliche Abgrenzung).

Da nach § 8 Nr. 2 KHBV die Kosten nachprüfbar aus der Finanzbuchhaltung herzuleiten sind, dürfen **kalkulatorische Kosten** in die Kostenrechnung der Krankenhäuser grundsätzlich nicht berücksichtigt werden.

21. Aufgabe

Ein Krankenhaus möge folgende Personalkosten nach Dienstarten erfasst haben:

Dienstart	Kosten in	%-Anteil
Ärztlicher Dienst	19.376.170	
Pflegedienst	29.485.476	
Medizinisch-technischer Dienst	10.109.306	
Funktionsdienst	8.424.422	
Wirtschafts- und Versorgungsdienst	5.897.095	
Technischer Dienst	1.684.884	
Verwaltungsdienst	5.054.653	
Sonstige Dienste	4.212.211	
Summe	84.244.217	

Berechnen Sie die Prozentanteile je Dienstart.

22. Aufgabe

Kostenarten lassen sich nach verschiedenen Gesichtspunkten gliedern. Nennen Sie Gliederungsgesichtspunkte und die zugehörigen Kostenarten.

23. Aufgabe

Das Gebäude wurde von außen gereinigt. Entscheiden Sie, zu welcher Art von Kosten die Aufwendungen der Gebäudereinigung gehören.

Fixe Kosten
Kalkulatorische Kosten
Einzelkosten
Zusatzkosten
Gemeinkosten
Variable Kosten

3.1.2 Erfassung von Kosten

Ziel der Kostenartenrechnung ist es, sämtliche durch den Leistungsprozess anfallenden Kosten zu erfassen und darzustellen.

Für die Erfassung von Kosten gibt es zwei Verfahren:

1. Verfahren der differenzierten Werterfassung,
2. Verfahren der undifferenzierten Werterfassung.

Die **undifferenzierte Werterfassung** beachtet weder Mengen- noch Preiskomponenten in ihrer Entwicklung, sondern übernimmt den Betrag aus der Buchhaltung. Die undifferenzierte Werterfassung findet da Anwendung, wo eine differenzierte Werterfassung nicht möglich oder wegen der geringen Bedeutung der Kostenart nicht sinnvoll ist.

Die **differenzierte Werterfassung** trennt die Erfassung von Mengen und Preisen. Die Erfassung der Mengen erfolgt in der Regel über Nebenrechnungen (z.B. Personalstatistik). Die eigentliche Werterfassung wird z.B. für die Personalkosten dann in der Lohn- und Gehaltsbuchhaltung erfasst.

Die nachstehende Tabelle zeigt die wichtigsten Kostenarten und ihren prozentualen Anteil an den Gesamtkosten. Deutlich zu erkennen ist der große Anteil von Personalkosten gefolgt von den Kosten für den medizinischen Bedarf. Den Personalkosten wird man in der Praxis folglich große Aufmerksamkeit zukommen lassen, vor allem im Hinblick auf die Steuerung des Betriebsprozesses und des wirtschaftlichen Einsatzes von Personal.

Kostenarten und Kostenstruktur

	Kontenklasse 6: Aufwendungen	%
60	**Löhne und Gehälter**	
61	**Gesetzliche Sozialabgaben**	
62	**Aufwendungen für Altersversorgung**	**67**
63	**Aufwendungen für Beihilfen und Unterstützung**	
64	**Sonstige Personalaufwendungen**	
65	Lebensmittel	3
66	**Medizinischer Bedarf**	**16**
67	Wasser, Energie, Brennstoffe	3
68	Wirtschaftsbedarf	3
69	Verwaltungsbedarf	2
	Kontenklasse 7: Aufwendungen	
70	Aufwendungen für zentrale Dienstleistungen	1
71	Wiederbeschaffte Gebrauchsgüter	0
72	Instandhaltung	3
73	Steuern, Abgaben, Versicherungen	1
74	Zinsen und ähnliche Aufwendungen	0
78	Sonstige ordentliche Aufwendungen	1
79	Außerordentliche Aufwendungen	
		100
Quelle: Hentze, Kehres, Kosten- und Leistungsrechnung in Krankenhäusern, 5. Auflage, Stuttgart 2008, Seite 45		

3.1.2.1 Erfassung der Personalkosten

Hier können und sollen nicht alle Probleme der Personalkostenerfassung dargestellt und erörtert werden. Es soll lediglich gezeigt werden, in welcher Gliederung eine Kostenerfassung sinnvoll durchzuführen ist. Diese Gliederung ist für die weitere Verteilung oder Zuordnung der Personalkosten auf Kostenstellen von Bedeutung.

Der Kontenrahmen der KHBV (Anlage 4) gliedert die Personalkosten wie folgt:

Konten-gruppe	
60	Löhne und Gehälter
61	Gesetzliche Sozialabgaben
62	Aufwendungen für Altersversorgung
63	Aufwendungen für Beihilfen und Unterstützungen
64	Sonstige Personalaufwendungen

Zu den **Löhnen und Gehältern** gehören auch die Vergütungen für Überstunden, Bereitschaftsdienste, Rufbereitschaft, Sachbezüge für freie Unterkunft und Verpflegung, Zeitzuschläge für Nachtarbeit und für Arbeit an Sonn- und Feiertagen.

Zu den **gesetzlichen Sozialabgaben** gehören die Arbeitgeberbeiträge zur Renten-, Kranken-, Pflege- und Arbeitslosenversicherung sowie die Beiträge zur gesetzlichen Unfallversicherung.

Zu den **sonstigen Personalaufwendungen** gehören z.B. freiwillige Sozialleistungen des Arbeitgebers (z.B. direkt an den Arbeitnehmer geleistete Zuwendungen, betriebseigene Sportanlagen, Cafeteria).

Aufwendungen für fremdes Personal und Kosten für Fremdleistungen werden in der Finanzbuchhaltung nicht bei den Personalkosten erfasst, sondern sind als Sachkosten (z.B. bei Krankenhäusern in der Kontengruppe 66 Medizinischer Bedarf) zu buchen.

Die 5 Kontengruppen (60 bis 64) der Personalkosten sind weiter nach Dienstarten unterteilt, hier beispielhaft dargestellt für die Gruppe 60 Löhne und Gehälter:

Konto	Dienstart
6000	Ärztlicher Dienst
6001	Pflegedienst
6002	Medizinisch-technischer Dienst
6003	Funktionsdienst
6004	Klinisches Hauspersonal
6005	Wirtschafts- und Versorgungsdienst
6006	Technischer Dienst
6007	Verwaltungsdienst
6008	Sonderdienste
6010	Personal der Ausbildungsstätten

6011	Sonstiges Personal
6012	Nicht zurechenbare Personalkosten

Für die Steuerung des Betriebsgeschehens ist es von Vorteil, die Personalkosten der Dienstarten aufzuteilen in Kosten der Regelarbeitszeit, in Überstundenkosten und in Kosten des Bereitschaftsdienstes.

24. Aufgabe

Die Personalkosten der Ärzte der Abteilung Chirurgie sind der Allgemeinen Kostenstelle Chirurgie (Sammelkostenstelle) zugeordnet. Da die Ärzte dieser Abteilung auch Leistungen in anderen Abteilungen erbringen, sollen die Kosten in Höhe von monatlich 1.715.600 € auf diese Abteilungen verteilt werden. Die Verteilung erfolgt aufgrund von genauen Zeiterfassungen und Schätzungen.

	Zeiterfassung in Stunden pro Monat (einschl. Bereitschaftsdienste)				
Chirurgie	Arzt A	Arzt B	Arzt C	Arzt D	Summe
Station	100	100	96	43	339
Ambulanz	47	78	0	117	242
OP	43	30	86	21	180
andere	1	0	20	10	43
Sum□e	203	208	202	191	804

Erstellen Sie eine Kostenverteilung! Die Ergebnisse sind ganzzahlig zu runden.

25. Aufgabe

Zeitliche Verteilung einmaliger Kosten (Urlaubsgeld, Weihnachtsgeld) auf z.B. Monate.

Einige Kosten werden für einen längeren Zeitraum im Voraus oder nachträglich gezahlt, betreffen aber mehrere Kostenrechnungs-Perioden (hier Monate). Einen nicht unerheblichen Anteil haben die Zahlung von Urlaubsgeldern und Sonderzahlungen (z.B. das 13. Gehalt). Diese Kosten werden auf die einzelnen Monate verteilt.

a) Ermitteln Sie die gleichmäßige Verteilung der Sonderzahlungen (Plan). Geplante Sonderzahlungen im Juni in Höhe von 1.680.000 € und im November in Höhe von 3.600.000 €.

b) Wie hoch sind die monatlichen Plan-Kosten bei einer gleichmäßigen Verteilung?

c) Wie hoch sind die monatlichen Ist-Kosten bei einer gleichmäßigen Verteilung?

d) Wie hoch ist die jährliche Abweichung vom Plan in %?

Fortsetzung (Tabelle) nächste Seite

Tabelle zur Aufgabe 25

Monat	Plan-Gehälter	Plan-Sonder-zahlungen verteilt	Plan-Personal-kosten gesamt	Ist-Personal-kosten	Plan-Ist-Abweichung
	(1)	(2)	(3) = (1)+(2)	(4)	(5)
1	6.250.000			6.300.000	
2	6.250.000			6.350.000	
3	6.250.000			6.400.000	
4	6.250.000			6.300.000	
5	6.250.000			6.250.000	
6	6.250.000			8.560.000	
7	6.250.000			6.100.000	
8	6.250.000			6.360.000	
9	6.250.000			6.300.000	
10	6.250.000			6.270.000	
11	6.250.000			10.450.000	
12	6.250.000			6.200.000	
Summe	75.000.000				

3.1.2.2 Erfassung der Sachkosten

Die Sachkosten sind gemäß Anlage 4 KHBV wie folgt gegliedert:

Konten-gruppe	Bezeichnung
65	Lebensmittel und bezogene Leistungen
66	Medizinischer Bedarf
67	Wasser, Energie, Brennstoffe
68	Wirtschaftsbedarf
69	Verwaltungsbedarf
70	Aufwendungen für zentrale Dienstleistungen
71	Wiederbeschaffte Gebrauchsgüter (soweit Festwerte gebildet wurden)
72	Instandhaltung
73	Steuern, Abgaben, Versicherungen
74	Zinsen und ähnliche Aufwendungen

Da die Kosten des medizinische Bedarfs im Vergleich zu den anderen Sachkosten einen relativ hohen Anteil aufweisen (siehe Kostenarten und Kostenstruktur, Seite 56), werden diese Kosten noch besonders weiter gegliedert. Die Güter des medizinischen Bedarfs sind vor allem Verbrauchsgüter im Sinne der AbgrV[12].

Die KHBV sieht für den medizinischen Bedarf folgende Gliederung vor:

66	**Medizinischer Bedarf**
6600	Arzneimittel (außer Implantate und Dialysebedarf)
6601	Kosten der Lieferapotheke
6602	Blut, Blutkonserven und Blutplasma
6603	Verbandmittel, Heil- und Hilfsmittel
6604	Ärztliches und pflegerisches Verbrauchsmaterial, Instrumente
6606	Narkose- und sonstiger OP-Bedarf
6607	Bedarf für Röntgen- und Nuklearmedizin
6608	Laborbedarf
6609	Untersuchungen in fremden Instituten

[12] AbgrV = Abgrenzungsverordnung, siehe Seite 220

6610	Bedarf für EKG, EEG, Sonographie
6611	Bedarf der physikalischen Therapie
6612	Apothekenbedarf, Desinfektionsmaterial
6613	Implantate
6614	Transplantate
6615	Dialysebedarf
6616	Kosten für Krankentransporte (soweit nicht Durchlaufposten)
6617	Sonstiger medizinischer Bedarf
6618	Honorare für nicht im Krankenhaus angestellte Ärzte

Bei der differenzierten Werterfassung werden die Kosten in zwei Schritten erfasst:

1. Schritt: Erfassen der Verbrauchsmengen
2. Schritt: Erfasste Verbrauchsmengen × Preis

In der Finanzbuchführung erfolgt die Bewertung nach handels- und steuerrechtlichen Vorschriften. In der Kosten- und Leistungsrechnung gibt es hierfür keine Bewertungsvorschriften.

Für die Praxis wurden für die Erfassung der Verbrauchsmengen verschiedene Verfahren entwickelt, die im Folgenden kurz beschrieben werden.

3.1.2.2.1 Mengenerfassung

a) Zugangsmethode (Festwertrechnung)

Bei dieser Methode wird unterstellt, dass der Materialzugang einer Periode dem Verbrauch in dieser Periode entspricht. Man muss nur die Zugangsmengen festhalten. Das geschieht durch die Übernahme der Mengen aus Liefer- oder Wareneingangsscheinen oder bei Beschaffung aus einem Zentrallager mit Hilfe von Lageranforderungsscheinen. In der Praxis kommt dieses Verfahren vor allem für sogenannte Handlager zur Anwendung. Wird ein bestimmter Mindestbestand erreicht, dann wird das Lager bis zu einer bestimmten Menge (Festwert) wieder aufgefüllt. Damit wird nicht der eigentliche Verbrauch festgestellt, sondern lediglich die angeforderte Menge. Vorteil dieser Methode ist die einfache Handhabung. Nachteil ist, dass die Ursachen des Verbrauchs nicht genau nachvollziehbar sind.

b) Inventurmethode (Befundrechnung)

Bei dieser Methode kommt folgende Rechnung zur Anwendung:

Bestand am Anfang der Periode
+ Zugänge in der Periode
- Bestand am Ende der Periode
= Verbrauch

Großer Nachteil dieser Methode ist, dass in kurzen regelmäßigen Abständen eine Inventur durchgeführt werden muss, was sehr aufwendig ist. Ferner ist der so ermittelte Verbrauch nicht zwangsläufig der leistungsbedingte Verbrauch, weil Schwund, Diebstahl und Verderb in der obigen Berechnung enthalten sind. Darüber hinaus ist eine direkte Zuordnung des Verbrauchs auf Kostenstellen oder Kostenträger nicht möglich.

c) Fortschreibungsmethode (Skontrationsmethode)

Voraussetzung sind die Erfassung der verbrauchten Mengen durch Materialentnahmescheine und die Erfassung der Zugangsmengen im Lager.

Vorteil dieser Methode ist, dass die verbrauchten Mengen erfasst werden und folglich die entstandenen Kosten genauer ermittelt werden können. Bei entsprechender Aufzeichnung in den Materialentnahmescheinen lässt sich der Verbrauch für Kostenstellen erfassen.

Folgende Rechnung ist für die Kontrolle der Bestandsveränderungen sinnvoll:

Bestand am Anfang der Periode
+ Zugänge in der Periode (Erfassung der Zugangsmengen)
- Abgänge in der Periode (Erfassung mit Hilfe von Materialentnahmescheinen)
= Buchbestand am Ende der Periode

Weicht der Buchbestand vom Inventurbestand ab, so sind bei dieser Methode Rückschlüsse auf Schwund oder andere nicht geplante Bestandsminderungen möglich.

Diese Methode ist zwar ziemlich genau, doch organisatorisch aufwendig und kann nur sinnvoll mit einer EDV-gesteuerten Lagerbuchhaltung sinnvoll genutzt werden.

d) Rückrechnungsmethode (Retrograde Methode)

Ausgangspunkt sind bei dieser Methode die hergestellten Produkte oder Leistungen. Aus Stücklisten (z.B. in der Produktion von Autos) und den hergestellten Produkten (z.B. Anzahl der hergestellten Autos) lässt sich der Gesamtverbrauch des Materials errechnen (= Sollverbrauch).

Für ein Krankenhaus oder eine Pflegeeinrichtung kann diese Methode nicht zweckmäßig eingesetzt werden, weil standardisierte Sollverbrauchsmengen pro Patienten oder Bewohner nicht vorliegen.

Der Verbrauch wird berechnet durch Multiplikation der Leistungsmenge mit der verbrauchten Menge pro Leistungseinheit (Beispiele: 500 Narkosen mit je 50 ml Narkotikum = 25.000 ml; 100 Bewohner × 5 Vorlagen/Tag × 365 Tage = 182.500 Vorlagen).
Ein Beispiel soll die **Skontrations-** und die **Inventurmethode** veranschaulichen:

Materialzugänge laut Lagerkartei:

Datum		Mengen in Stück
01.01.	Anfangsbestand	50
05.03.	Einkauf	100
02.04.	Einkauf	60
15.07.	Einkauf	80
10.10.	Einkauf	25
31.12.	**Endbestand laut Inventur**	**30**

Summe aller Abgänge laut Materialentnahmescheine: 280

Skontrationsmethode

Anfangsbestand	50
+ Zugänge	265
- Abgänge laut Materialentnahmescheine	280
= rechnerischer Soll-Endbestand	35

Fehlermenge 5 Stück (siehe Endbestand laut Inventur); möglicher Grund: unberechtigte Entnahme

Inventurmethode

Anfangsbestand	50
+ Zugänge	265
- Endbestand laut Inventur	30
= Abgänge (= Istverbrauch)	285

In den Abgängen oder dem Istverbrauch sind 5 Stück Fehlmengen enthalten, die durch diese Methode nicht aufzudecken sind.

3.1.2.2.2 Bewertung der Mengen

Für die Bewertung der Verbrauchsmengen gibt es verschiedene Wertansätze. Grundsätzlich gibt es folgende Möglichkeiten:

Bewertung der Verbrauchsmengen

- zu Anschaffungspreisen
- zu Wiederbeschaffungspreisen
- zu festen Verrechnungspreisen

Bei der Bewertung zu Anschaffungspreisen (die anderen hier genannten Preise bleiben unberücksichtigt, weil sie für Krankenhäuser und Pflegeeinrichtungen keine Bedeutung haben) gibt es wiederum drei Möglichkeiten:

(1) Die Bewertung mit den **tatsächlichen Anschaffungspreisen** ist nur sinnvoll bei Materialien mit hohem Wert und einer eindeutigen Zuordnung zum Patienten (z.B. teure Medikamente, Implantate wie Kunstherzen mit Zubehör).

(2) Ist eine direkte Zuordnung von Anschaffungspreisen nicht möglich oder nicht sinnvoll (weil zu aufwendig), so wird man in der Regel mit **gleitenden Durchschnittspreisen** arbeiten (siehe nachstehendes Beispiel).

(3) Die Anwendung mit **Anschaffungspreisen nach Verbrauchsfolgeverfahren** (Hifo, Fifo, Lifo) kommt in der Kostenrechnung eher selten vor.

Die Anwendung kommt vor allem bei der Bewertung von Vorratsvermögen (für den Jahresabschluss) vor.[13]

Beispiel Berechnung der Kosten mit **Durchschnittspreisen**

	Datum	Menge in Stück	Preis/Stück	Menge x Preis
Anfangsbestand	01.03.	100	14,00	1.400,00
Zugang	07.03.	100	10,00	1.000,00
Zugang	15.03.	150	11,00	1.650,00
Zugang	27.03.	200	12,00	2.400,00
Zugang	31.03.	100	9,00	900,00
	Summe	650	Summe	7.350,00
			Berechnung des Durchschnittspreises für März	7350 : 650 = **11,31**
Abgang	03.03.	80		Kosten für den Monat März ↓
Abgang	10.03.	100		
Abgang	20.03.	70		
Abgang	25.03.	60		
Abgang	29.03.	200		
Summe Verbrauch März		510	**11,31**	**5.768,10**
Anfangsbestand	01.04.	(650-510) 140	**11,31**	1.583,40
usw.				

[13] Vgl. Meffle, Günter; Heyd, Reinhard; Weber, Peter: Das Rechnungswesen der Unternehmung als Entscheidungsinstrument, 3., überarbeitete und erweiterte Auflage, Köln, Wien, Aarau 2002, Seite 441 uff.

3.1.2.3 Erfassung von Fremdleistungskosten

Unter Fremdleistungskosten (auch Dienstleistungskosten genannt) versteht man alle Kosten, die durch Inanspruchnahme von Leistungen externer Unternehmen entstehen. Dazu gehören insbesondere Mieten, Leasinggebühren, Werbekosten, Bankgebühren, Reisekosten, Versicherungsprämien, Instandhaltungskosten, Gebühren für Rundfunk und Fernsehen, Honorare für nicht im Krankenhaus angestellte Ärzte, Prozess- und Beratungskosten, bezogene Leistungen von Reinigungsunternehmen und Wäschereien, Steuern und Abgaben u.a. Bei den Steuern handelt es sich nur um betriebliche Steuern (Gewerbe-, Grund- und Kfz-Steuern). Den Steuern steht keine direkte Leistung gegenüber. Gemeinnützige Einrichtungen sind von der Gewerbe- und Grundsteuer befreit.

Die Erfassung dieser Kosten ist in der Regel unproblematisch. Die für Fremdleistungen erhaltenen Rechnungen oder Gebührenbescheide werden in der Finanzbuchhaltung als Zweckaufwand gebucht und sind somit Kosten für die Kostenrechnung.

26. Aufgabe

Bei der Erfassung von Kosten unterscheidet man die undifferenzierte und die differenzierte Werterfassung. Beschreiben Sie kurz diese beiden Erfassungsarten.

27. Aufgabe

Nennen Sie Methoden der Mengenerfassung in der Kostenrechnung.

28. Aufgabe

Zu welchen Preisen lassen sich die Verbrauchsmengen bewerten?

29. Aufgabe

Skontrationsmethode mit Bewertung der Mengen (gleitender Durchschnitt)

Datum Periode	Vorgang Bestand	Einheiten	Preis pro Einheit	Wert
1.1.	Anfangsbestand	50	5,00	250,00
Januar	Zugänge	80	6,00	480,00
Januar	Abgänge	60		
1.2.	Anfangsbestand	70		
Februar	Zugänge	80	5,50	440,00
Februar	Abgänge	70		
1.3.	Anfangsbestand	80		
März	Zugänge	60	4,80	288,00
März	Abgänge	50		
1.4.	Anfangsbestand	90		

Berechnen Sie die Kosten für das I. Quartal.

Die Durchschnittspreise (je Monat) berechnen Sie wie folgt: (Wert des Anfangsbestandes + Wert der Zugänge) : (Anfangsbestand als Menge + Mengenzuwachs) = Durchschnittswert pro Einheit

3.2 Kostenstellenrechnung

3.2.1 Ziele und Aufgaben der Kostenstellenrechnung

§ 8 KHBV verlangt eine Kosten- und Leistungsrechnung zu führen, die

1. eine betriebsinterne Steuerung sowie
2. eine Beurteilung der Wirtschaftlichkeit und Leistungsfähigkeit erlaubt.

Ziel der Kostenstellenrechnung ist es, die Kosten nach dem Ort ihrer Entstehung zu ermitteln, also festzustellen, wo die Kosten entstanden sind. Für diese Zwecke wird man Bereiche definieren müssen. Diese Bereiche werden **Kostenstellen** genannt. Diesen Kostenstellen sind die Kosten zuzuordnen. Dabei ist die Genauigkeit nicht zuletzt abhängig von der Anzahl der Kostenstellen. Der Gesetzgeber hat mit der KHBV in der Anlage 5 einen Kostenstellenrahmen vorgegeben, der mindestens einzuhalten ist, wobei weitere Differenzierungen erlaubt sind.

Praktisch wird man die angefallenen Kosten (Kostenarten) nach entsprechenden Zuordnungsvorschriften den Kostenstellen zuordnen (Kostenstellenkontierung). Bei entsprechender Kostenstellengliederung ist es dann möglich, alle Kosten auf Kostenstellen zu erfassen.

Es ist nicht nur Selbstzweck der Kostenstellenrechnung, die Kosten den Kostenstellen zuzuordnen. Neben den bereits genannten Aufgaben dient die Kostenstellenrechnung auch der Vorbereitung zur Kostenträgerrechnung.

3.2.2 Kostenstellenbildung

Kostenstellen sind Leistungs- und Verantwortungsbereiche in einem Betrieb, in denen Kosten entstehen. Die Bildung und Gliederung von Kostenstellen ist abhängig von den Aufgaben und Zielen der Kostenrechnung.

Für die Bildung von Kostenstellen lassen sich folgende Grundsätze anführen:

1. Eine Kostenstelle sollte mit dem Verantwortungsbereich übereinstimmen. Wenn z.B. mehrere verantwortliche Personen unterschiedlicher Bereiche für eine Kostenstelle zuständig sind, dann muss man mit unnötigen Konflikten rechnen.

2. Die Kostenstellen sind eindeutig voneinander abzugrenzen, damit eine zweifelsfreie Kostenstellenkontierung möglich ist.

3. Der Zusammenhang zwischen Leistungserstellung einer Kostenstelle und den Kosten sollte eindeutig sein. Je differenzierte eine Kostenstellengliederung ist, desto einfacher bzw. eindeutiger ist die Beziehung zwischen Leistung und Kosten herzustellen.

4. Andererseits ist bei der Bildung von Kostenstellen der Grundsatz der Übersichtlichkeit und Wirtschaftlichkeit zu beachten. In der Praxis gibt es für Krankenhäuser eine Faustregel, die besagt, dass das Verhältnis zwischen Anzahl der Kostenstellen und Anzahl der Betten 1:10 ist.[14]

Die Tiefe der Kostenstellengliederung ist im Wesentlichen abhängig von der Betriebsgröße, dem Leistungsprogramm und der Organisation des Betriebes.

Die Kostenstellengliederung ist nach Anlage 5 KHBV nach Funktionsbereichen aufgebaut. Diese Gliederung müssen die Krankenhäuser einhalten, wobei eine differenziertere Gliederung möglich ist.

Kostenstellenrahmen für die Kosten- und Leistungsrechnung der Krankenhäuser

90	**Gemeinsame Kostenstellen**
900	Gebäude einschließlich Grundstück und Außenanlagen
901	Leitung und Verwaltung des Krankenhauses
902	Werkstätten
903	Nebenbetriebe
904	Personaleinrichtungen (für den Betrieb des Krankenhauses unerlässlich)
905	Aus-, Fort- und Weiterbildung
906	Sozialdienst, Patientenbetreuung
907	frei
908	frei
909	frei

[14] Graumann, Schmidt-Graumann: Rechnungslegung und Finanzierung der Krankenhäuser, Neuwied 2002, Seite 221

91	**Versorgungseinrichtungen**
910	Speisenversorgung
911	Wäscheversorgung
912	Zentraler Reinigungsdienst
913	Versorgung mit Energie, Wasser, Brennstoffen
914	Innerbetriebliche Transporte
915	frei
916	frei
917	Apotheke/Arzneimittelausgabestelle (ohne Herstellung)
918	Zentrale Sterilisation
919	frei
92	**Medizinische Institutionen**
920	Röntgendiagnostik und -therapie
921	Nukleardiagnostik und -therapie
922	Laboratorien
923	Funktionsdiagnostik
924	Sonstige diagnostische Einrichtungen
925	Anästhesie, OP-Einrichtungen und Kreißzimmer
926	Physikalische Therapie
927	Sonstige therapeutische Einrichtungen
928	Pathologie
929	Ambulanzen
93 - 95	**Pflegefachbereiche - Normalpflege**
930	Allgemeine Kostenstelle
931	Allgemeine Innere Medizin
932	Geriatrie
933	Kardiologie
934	Allgemeine Nephrologie
935	Hämodialyse/künstliche Niere (alternativ 962)
936	Gastroenterologie

937	Pädiatrie
938	Kinderkardiologie
939	Infektion
940	Lungen- und Bronchialheilkunde
941	Allgemeine Chirurgie
942	Unfallchirurgie
943	Kinderchirurgie
944	Endoprothetik
945	Gefäßchirurgie
946	Handchirurgie
947	Plastische Chirurgie
948	Thoraxchirurgie
949	Herzchirurgie
950	Urologie
951	Orthopädie
952	Neurochirurgie
953	Gynäkologie
954	HNO und Augen
955	Neurologie
956	Psychiatrie
957	Radiologie
958	Dermatologie und Venerologie
959	Zahn- und Kieferheilkunde, Mund- und Kieferchirurgie
96	**Pflegefachbereiche - abweichende Pflegeintensität**
960	Allgemeine Kostenstelle
961	Intensivüberwachung
962	Intensivbehandlung
963	frei
964	Intensivmedizin
965	Minimalpflege

966	Nachsorge
967	Halbstationäre Leistungen - Tageskliniken
968	Halbstationäre Leistungen - Nachtkliniken
969	Chronisch- und Langzeitkranke
97	**Sonstige Einrichtungen**
970	Personaleinrichtungen (für den Betrieb des Krankenhauses nicht unerlässlich)
971	Ausbildung
972	Forschung und Lehre
973-979	frei
98	**Ausgliederungen**
980	Ambulanzen
981	Hilfs- und Nebenbetriebe
982-989	frei
99	**frei**

3.2.3 Kostenstellenkontierung

Die Kosten und Leistungen sind verursachungsgerecht nach Kostenstellen zu erfassen (§ 8 KHBV). Die Kosten sind auf die Kostenstellen zu buchen, wo sie entstanden sind. Um dabei eine Eindeutigkeit und Klarheit zu bekommen, wird man einen Katalog aufstellen, der entsprechende Zuordnungsvorschriften enthält.

Jede Aufwandsbuchung erhält ein Kostenstellenmerkmal und ist damit einer Kostenstelle eindeutig zuzuordnen.

Beispiele

1. Kauf (Verbrauch) von Lebensmitteln
   Aufwandsbuchung im Konto 65 Lebensmittel
   Buchung Kostenstelle: 910 Speisenversorgung

2. Wasserrechnung
   Aufwandsbuchung im Konto 67 Wasser, Energie und Brennstoffe
   Buchung Kostenstelle: 913 Versorgung mit Wasser, Energie, Brennstoffen

3. Kauf (Verbrauch) von Waschmitteln
   Aufwandsbuchung im Konto 68 Wirtschaftsbedarf
   Buchung Kostenstelle: 911 Wäscheversorgung

4. Die Fenster im Dachgeschoss müssen ausgebessert werden
   Aufwandsbuchung im Konto 72 Instandhaltung
   Buchung Kostenstelle: 900 Gebäude

5. Kosten für eine Stellenausschreibung Urologe
   Aufwandsbuchung im Konto: 69 Verwaltungsbedarf
   Buchung Kostenstelle: 950 Urologie

3.2.4 Kostenstellengliederung nach abrechnungstechnischen Gesichtspunkten

Es gibt eine Vielzahl von Begriffen von Kostenstellen, die oftmals gleichbedeutend sind. Für die Umlage und Verrechnung von Kosten auf Kostenstellen hat sich folgende Einteilung von Kostenstellen als zweckmäßig herausgestellt:

Hilfskostenstellen	**Hauptkostenstellen**	**Nebenkostenstellen**
Vorkostenstellen	**Endkostenstellen**	
allgemeine oder gemeinsame Kostenstellen		

Begriffe aus dem Handbuch „Kalkulation von Fallkosten"[15]:

> Direkte und indirekte Kostenstellen, Abgrenzungskostenstellen, Gemischte Kostenstellen; vgl. Seite 117 ff.

Hilfskostenstellen
erbringen Leistungen für andere Kostenstellen. Sie stehen nur indirekt mit dem Leistungsprozess des Krankenhauses in Verbindung. Es sind vor allem Leistun-

[15] Deutsche Krankenhausgesellschaft, Spitzenverbände der Krankenkassen, Verband der privaten Krankenversicherung: Kalkulation von Fallkosten, Handbuch zur Anwendung in Krankenhäusern, Version 3.0 (10. Juli 2007), Düsseldorf 2007, im Folgenden „**Kalkulationshandbuch**" genannt.

gen, die an die Hauptkostenstellen weitergegeben werden. Man bezeichnet sie auch als **indirekte Kostenstellen**, weil sie keinen direkten Bezug zur medizinisch-pflegerischen Leistung am Patienten haben (z.B. Kostenstellen Zentralsterilisation, Verwaltung, Küche). Hierher gehören die Kostenstellengruppen 90 Gemeinsame Kostenstellen, 91 Versorgungseinrichtungen und 92 Medizinische Institutionen.

Hauptkostenstellen
erbringen die eigentlichen Leistungen des Krankenhauses. Gemeint sind vor allem die Kostenstellen der Kostenstellengruppen 93 bis 96 (Pflegebereiche). Die Hauptkostenstellen erbringen medizinisch-pflegerische Leistungen direkt am Patienten, sodass diese Kostenstellen auch als **direkte Kostenstellen** bezeichnet werden. In Pflegeeinrichtungen sind das die Kostenstellen 92 bis 96, also die Kostenstellen „Häusliche Pflege", „Teilstationäre Pflege (Tagespflege)", „Teilstationäre Pflege (Nachtpflege)", „Vollstationäre Pflege", „Kurzzeitpflege"; diese Kostenstellen sind dann noch jeweils untergliedert in Pflegebereiche mit den Pflegestufen I bis III und Härtefälle.

Nebenkostenstellen erbringen Leistungen, die mit den eigentlichen Krankenhausleistungen nichts zu tun haben. Hierher gehören vor allem die Kostenstellen der Kostenstellengruppe 97 (Sonstige Einrichtungen) und 98 (Ausgliederungen). Zu den Nebenkostenstellen gehören z.B. die Kostenstellen „Ausbildung", „Forschung und Lehre", „Ambulanzen", „Hilfs- und Nebenbetriebe" zu nennen.

Vorkostenstellen sind Kostenstellen, die ihre Leistungen an andere Kostenstellen weitergeben. Die Kostenstellen der Kostenstellengruppe 90 sind typische Vorkostenstellen. Sie werden auch als **Gemeinsame Kostenstellen** oder als **Allgemeine Kostenstellen** bezeichnet, weil sie Leistungen für alle Bereiche des Krankenhauses erbringen. Da diese Vorkostenstellen nur innerbetriebliche Leistungen erbringen, am „Markt" folglich keine Erlöse erzielen, sind sie nur indirekt am eigentlichen Leistungsprozess des Krankenhauses beteiligt und sind somit auch Hilfskostenstellen. Zu den Vorkostenstellen gehören auch die Kostenstellen der Kostenstellengruppen 91 Versorgungseinrichtungen und 92 Medizinische Institutionen.

Endkostenstellen sind die Kostenstellen, deren Kosten in der Kostenstellenrechnung nicht weiter verrechnet oder umgelegt werden. Die Kosten der Endkostenstellen sind Grundlage für die Kostenträgerrechnung. Endkostenstellen können Haupt- und Nebenkostenstellen sein. Typische Endkostenstellen eines Krankenhauses sind die Hauptkostenstellen der Kostenstellengruppen 93 bis 96 (Pflegefachbereiche).

3.2.5 Der Betriebsabrechnungsbogen (BAB)

Der **Betriebsabrechnungsbogen** (abgekürzt **BAB**) ist das klassische Mittel der Kostenstellenrechnung. Mit Hilfe des BABs werden die Kosten auf verschiedene Kostenstellen verteilt und verrechnet mit dem Ziel, die Vorkostenstellen von ihren Kosten zu entlasten. Alle Kosten gehören in die Endkostenstellen (das können auch Nebenkostenstellen sein). Die Summen sind dann Grundlage für die Kostenträgerrechnung.

3.2.5.1 Aufbau des Betriebsabrechnungsbogens (Tabellarische Form)

<table>
<tr><th rowspan="3">Kosten-stellen
Kosten-arten</th><th rowspan="3">Gesamtbetrag laut GuV</th><th colspan="3">Vorkostenstellen</th><th>Endkostenstellen</th><th colspan="2">Nebenkostenstellen</th></tr>
<tr><th>Allge-meine Kosten-stellen</th><th>Versor-gungs-einrich-tungen</th><th>Medi-zinische Institu-tionen</th><th>Haupt-kostenstellen</th><th></th><th></th></tr>
<tr><th>90</th><th>91</th><th>92</th><th>93 bis 96</th><th>97</th><th>98</th></tr>
<tr><td>(1)</td><td>(2)</td><td>(3)</td><td>(4)</td><td>(5)</td><td>(6)</td><td>(7)</td><td>(8)</td></tr>
<tr><td></td><td></td><td></td><td></td><td></td><td></td><td></td><td></td></tr>
<tr><td>Personal-kosten</td><td></td><td></td><td></td><td></td><td></td><td></td><td></td></tr>
<tr><td>Lebensmittel-kosten</td><td></td><td></td><td></td><td></td><td></td><td></td><td></td></tr>
<tr><td>Medizinischer Bedarf</td><td></td><td></td><td></td><td></td><td></td><td></td><td></td></tr>
<tr><td>usw.</td><td></td><td></td><td></td><td></td><td></td><td></td><td></td></tr>
<tr><td>Summe</td><td></td><td></td><td></td><td></td><td></td><td></td><td></td></tr>
<tr><td>Umlagen, Verrechnungen</td><td></td><td></td><td></td><td></td><td></td><td></td><td></td></tr>
<tr><td>Summe</td><td></td><td></td><td></td><td></td><td></td><td></td><td></td></tr>
</table>

Der BAB gliedert die Kostenstellen in Spalten (Spalten 3-8) und die Kostenarten in Zeilen (Spalte 1). In der Spalte 2 sind die Kosten laut GuV eingetragen.

Um den BAB besser verstehen zu können, sind noch einige Begriffe zu klären.

Wenn die Kosten pro „Markt"-Leistung berechnet werden sollen, dann wird man einen Teil der Kosten dem **Kostenträger** direkt zuordnen können. Man bezeichnet diese Kosten als **Einzelkosten**, weil man diese Kosten dem Einzelfall (Patient oder Fall) zweifelsfrei zuordnen kann. Typische Einzelkosten im Krankenhaus sind z.B. Transplantate, Implantate, Medikamente, Blutprodukte u.a.

Ein nicht unbeträchtlicher Teil der Kosten lässt sich nicht als Einzelkosten darstellen. Diese Kosten bezeichnet man als **Gemeinkosten**. Diese Gemeinkosten werden den Kostenstellen zugeordnet, wobei einige direkt und ohne Be- und Verrechnung den entsprechenden Kostenstellen zuzuordnen sind. Diese Kosten werden als **Kostenstelleneinzelkosten** bezeichnet. Die anderen Kosten sind **Kostenstellengemeinkosten**. Sie fallen für mehrere Kostenstellen an und sind nach Möglichkeit „verursachungsgerecht" auf die einzelnen Kostenstellen zu verteilen.

Der BAB wird nicht zuletzt wegen des riesigen Umfangs heute in der Regel von der EDV erstellt. Je nach Anforderungen der Kostenträgerrechnung und der Steuerung und Kontrolle des Betriebsgeschehens wird man unterschiedliche Teile des BABs in unterschiedlichem Aufbau und Inhalt darstellen.

30. Aufgabe

a) Nach welchen Kriterien können Kostenstellen gebildet werden?
b) Was ist eine Hauptkostenstelle?
c) Was ist eine Nebenkostenstelle?
d) Was ist eine Hilfskostenstelle?
e) Was ist ein BAB?

3.2.5.2 Ablauf der Kostenstellenrechnung

Im ersten Schritt werden die **primären Kosten** auf Kostenstellen verteilt, wobei ein Teil der Kosten den Kostenstellen direkt zugeordnet werden kann (**Kostenstelleneinzelkosten**). Die Genauigkeit ist abhängig von der Anzahl der Kostenstellen. Je mehr Kostenstellen, desto mehr Kosten kann man direkt zuordnen.

Ein Großteil der Personalkosten lässt sich bestimmten Kostenstellen zuordnen. Voraussetzung ist allerdings, dass das Personal nur im Bereich dieser Kostenstelle arbeitet. In den Fällen, in denen eine eindeutige Zuordnung nicht möglich ist, bucht man die Personalkosten zunächst auf eine „**Sammelkostenstelle**". Später wird man dann diese Sammelkostenstelle durch entsprechende Verrechnungen entlasten.[16]

Die **Kostenstellengemeinkosten** müssen mit Hilfe von Verteilungsschlüsseln verteilt werden.

Übersicht über mögliche **Verteilungsschlüssel:**

Kostenart	Schlüssel
Strom, Wasser	durch Stromzähler und Wasseruhren
Medizinischer Bedarf	Materialentnahmescheine
Verwaltungsbedarf	Materialentnahmescheine
Steuern, Abgaben, Versicherungen	Anzahl Betten
Unfallversicherung	nach Köpfen
Wäscheversorgung	kg Schmutzwäsche

Im zweiten Schritt werden die **sekundären Kosten** auf Kostenstellen umgelegt. Wechselseitige Verrechnungen bzw. Umlagen finden hauptsächlich zwischen den Vorkostenstellen statt. Nach Abschluss der Verrechnungen zwischen den Vorkostenstellen werden die Kosten der Vorkostenstellen den Hauptkostenstellen belastet. Wenn alle Kosten den Hauptkostenstellen zugeordnet sind, kann man zur Kostenträgerstückrechnung[17] (Kalkulation) übergehen.

Schematische Darstellung einer Kostenstellenrechnung im Krankenhaus:

Die Kostenstellengruppen 90 bis 92 sind Vorkostenstellen (Hilfskostenstellen).

Die Kosten der Kostenstelle 900 Gebäude können z.B. verteilt werden nach m^2-Flächen der empfangenen Kostenstellen. So werden alle betroffenen Kostenstellen entsprechend ihrer Größe mit den „Gebäude“-Kosten belastet.

Die Kosten der Kostenstelle 910 Speisenversorgung verteilen sich auf die Hauptkostenstellen und auf die Kostenstelle 982 Mitarbeiterverpflegung.

Die Kosten der Kostenstelle 911 Wäscheversorgung werden hauptsächlich auf die Kostenstellen der Medizinischen Institutionen und den Hauptkostenstellen verteilt.

[16] Siehe Beispiel, Seite 85
[17] Kostenträgerrechnung , Seite 98 uff.

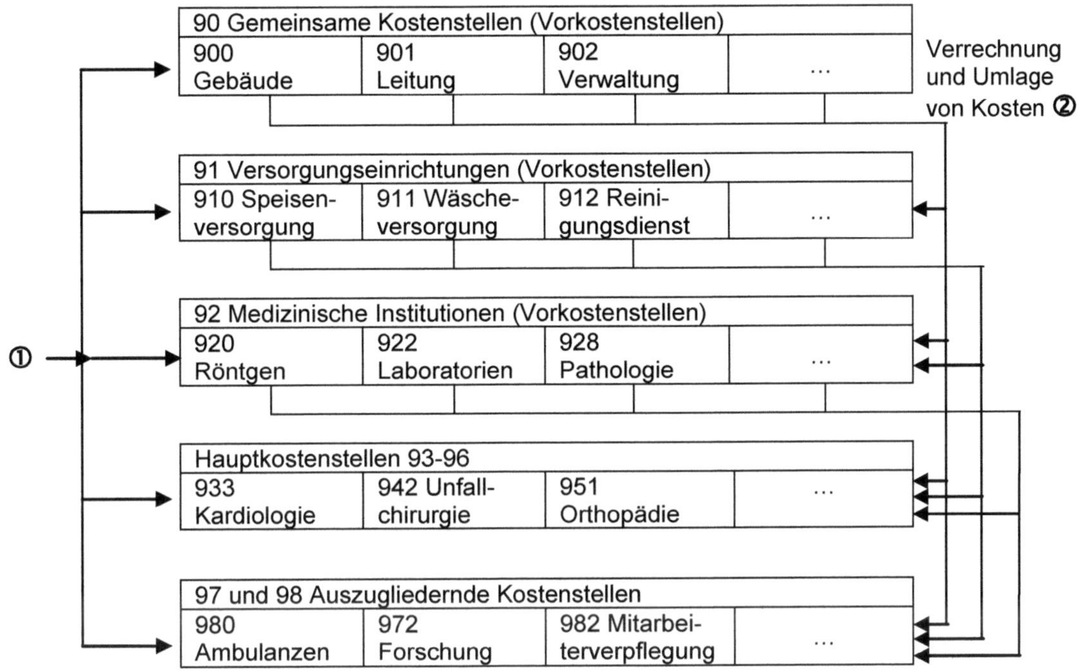

① Verteilung der primären Kosten: Kostenstelleneinzel- und Kostenstellengemeinkosten
② Verrechnung und Umlage von Kosten

Eine sinnvolle Gliederung und Anordnung der Kostenstellen macht eine Verrechnung und Umlage verständlicher. Hilfreich ist es, für jede Kostenstelle zu klären, welche Leistungen sie erstellt, an wen sie diese Leistungen abgibt und von wem sie Leistungen erhält.

3.2.5.3 Verfahren der innerbetrieblichen Leistungsverrechnung (ILV)

Grundsätzlich lassen sich zwei Verfahren unterscheiden. Das eine Verfahren verteilt die Kosten der Kostenstellen nur in eine Richtung; die Kosten werden von der abgebenden Kostenstelle an eine (oder mehrere) empfangende Kostenstelle(n) übertragen (einseitige Leistungsabgabe). Das andere Verfahren (wechselseitige Leistungsabgabe) geht davon aus, dass Kostenstellen untereinander Leistungen austauschen. Die Kosten sind gegenseitig zu verteilen. Welches Verfahren für die innerbetriebliche Leistungsverrechnung angewandt wird, hängt vor allem von der innerbetrieblichen Leistungsverflechtung ab und von der Genauigkeit, die gewünscht bzw. gefordert ist.

Folgende Grundtypen innerbetrieblicher Leistungsverrechnung lassen sich unterscheiden: siehe nächste Seite.

Die einfachste Art der Verrechnung (Typ I) ist, wenn eine Kostenstelle ihre Kosten in voller Höhe an die empfangende Kostenstelle abgibt.

Beim Typ II werden die Kosten einer Kostenstelle an mehrere Kostenstellen weitergegeben. Dazu benötigt man bestimmte Maßgrößen, wie z.B. Anzahl der in einer Kostenstelle beschäftigten Mitarbeiter, Fläche von Gebäuden bzw. Gebäudeteilen, Anzahl des verbrauchten Materials u.a. Dieser Typ kommt vor allem vor, wenn Versorgungseinrichtungen oder medizinische Institutionen ihre Leistungen an verschiedene Endkostenstellen abgeben. Die Verfahren, die hier angewandt werden, sind die **Summarische** und die **Differenzierte Kostenstellenumlage**.

Bei den mehrstufigen Leistungsprozessen (Typ III) werden Leistungen von den Vorkostenstellen an andere Vorkostenstellen und an Endkostenstellen abgegeben. Die an die Vorkostenstellen abgegebenen Leistungen gehen dann in einem zweiten Schritt an Endkostenstellen. So wird z.B. die Wäscheversorgung auch für medizinische Institutionen geleistet, die ihrerseits wiederum Leistungen an die Pflegefachbereiche abgeben. Die Kosten werden in mehreren Schritten verteilt. Die Verfahren, die sich hierfür in der Praxis durchgesetzt haben, sind das **Anbauverfahren** und das **Stufenleiterverfahren**.

Typ I	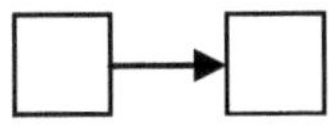	einseitige, einstufige Leistungsabgabe an eine Kostenstelle
Typ II	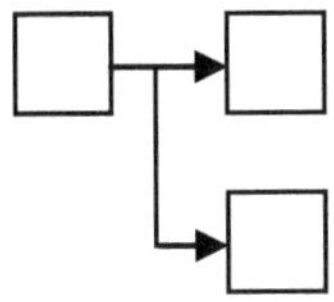	einseitige, einstufige Leistungsabgabe an mehrere Kostenstellen
Typ III	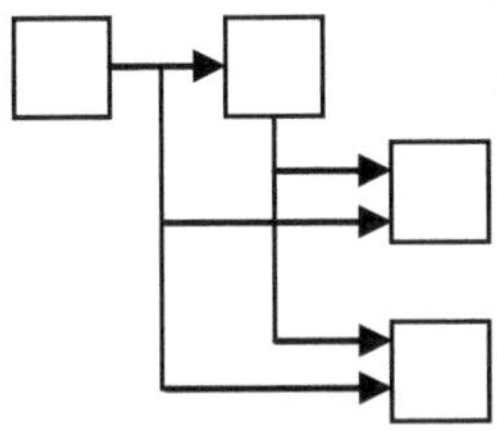	einseitige, mehrstufige Kostenstellen
Typ IV	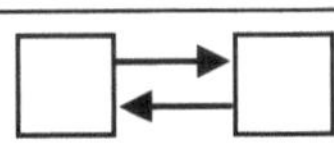	wechselseitige Leistungsverflechtung
Quelle: Hentze/Kehres, Kosten- und Leistungsrechnung in Krankenhäusern, 5. Auflage, Stuttgart 2008, Seite 90		

3.2.5.4 Umlage und Verrechnung der Kosten der Vorkostenstellen bei einseitiger Leistungsabgabe

In diesem Abschnitt geht es darum, die Kosten der Vorkostenstellen auf die Hauptkostenstellen und die Nebenkostenstellen zu verteilen. Durch Umlagen und Verrechnungen werden die Vorkostenstellen entlastet und die Endkostenstellen belastet.

Von **Umlagen** spricht man, wenn die Leistungen der Vorkostenstellen nicht messbar sind, d.h. die Kosten müssen mit Hilfe von Verteilungsschlüsseln auf die Endkostenstellen verteilt werden.

Bei einer **Verrechnung** der Kosten geht man davon aus, dass die in Vorkostenstellen erzeugten und von den Endkostenstellen genutzten Leistungen messbar sind.
Eine Verrechnung der Kosten der Vorkostenstellen auf die Endkostenstellen funktioniert nur, wenn die Leistungen messbar sind und entsprechend erfasst wurden.

Man wird dann einen Kostensatz oder Verrechnungspreis pro Leistungseinheit ermitteln können. Bei gleichartigen Leistungen wird man einen Verrechnungspreis ermitteln können, indem man die Gesamtkosten durch die Anzahl der Gesamtleistungen dividiert.

Beispielsweise wird man für die Kostenstelle Zentrallabor die Zahl der Untersuchungen heranziehen, wobei die Untersuchungen auch nach verschiedenen Untersuchungsarten differenziert werden können. Sollen diese Kosten den Endkostenstellen zugeordnet werden, dann müssen entsprechende Aufzeichnungen der anfordernden Endkostenstelle vorliegen.

Erst die Erfassung der Leistungen und der Kosten ermöglicht eine vernünftige Wirtschaftlichkeitskontrolle.

31. Aufgabe

a) Was versteht man unter der „innerbetrieblichen Leistungsverrechnung“?

b) Was versteht man unter einem Umlageschlüssel (oder Verrechnungsschlüssel)?

c) Nennen Sie drei Beispiele für Umlageschlüssel?

3.2.5.4.1 Beispiel Verrechnungspreis (Kostenstelle Speisenversorgung)

Die Kosten der Kostenstelle Speisenversorgung sollen verteilt werden. Die hergestellten Mahlzeiten werden von stationären Patienten und von Mitarbeitern eingenommen. Die Gesamtkosten der Kostenstelle Speisenversorgung in Höhe von 460.000 € sind nach den angeforderten Mahlzeiten (Leistungen) zu verteilen. Gibt es entsprechende Mengenangaben, dann lassen sich die Kosten pro Endkostenstelle durch die Multiplikation „Anzahl der Mahlzeiten × Verrechnungspreis pro Mahlzeit“ ermitteln.

Anzahl der hergestellten/angeforderten Mahlzeiten.

Empfänger	Anzahl der Mahlzeiten			
	Frühstück	Mittagessen	Abendbrot	Summe
stationäre Patienten[18]	23.000	25.000	22.000	70.000
Mitarbeiter	8.000	17.000	6.000	31.000
Summe	31.000	42.000	28.000	101.000

Da die Herstellung der Mahlzeiten mit unterschiedlichem Aufwand erfolgt, muss für die Verteilung der Kosten eine Gewichtung vorgenommen werden.

Die Herstellung eines Mittagessens ist im Vergleich zum Frühstück 2,5-mal aufwendiger; die Herstellung eines Abendbrots möge den 1,5-fachen Aufwand im Vergleich zum Frühstück haben. Die Gewichtungsfaktoren bezeichnet man als Äquivalenzziffern.[19]

Mahlzeit	Gewichtung
Frühstück	1
Mittagessen	2,5
Abendbrot	1,5
Summe	5

Die Anzahl der Mahlzeiten wird mit dem Gewichtungsanteil multipliziert.

[18] Eine weitere Unterteilung (z.B. nach den einzelnen Endkostenstellen) ist denkbar.
[19] Siehe auch Seite 99 uff.

Empfänger	Zahl der Mahlzeiten multipliziert mit den Gewichtungsanteil			
	Frühstück	Mittagessen	Abendbrot	Summe gewichtet
Gewichtungsanteil	1	2,5	1,5	
stationäre Patienten	23.000	62.500	33.000	118.500
Mitarbeiter	8.000	42.500	9.000	59.500
Summe (gewichtet)	31.000	105.000	42.000	178.000

460.000 € (Gesamtkosten der Kostenstelle) : 178.000 = 2,584269662

Multipliziert man die Kosten pro Gewichtungsanteil mit der gewichteten Anzahl der Essen, dann erhält man die anteiligen Kosten. Das kann nach Empfängern und nach den drei Arten von Mahlzeiten durchgeführt werden. Hier zunächst die Verteilung nach Empfängern:

Empfänger	Kosten nach Empfängern gegliedert	
stationäre Patienten	2,584269662 × 118.500 =	306.236
Mitarbeiter	2,584269662 × 59.500 =	153.764
Summe		460.000

Die Kostenstelle Speisenversorgung kann jetzt entlastet werden, weil die Kosten der Speisenversorgung jetzt auf die Endkostenstellen verteilt werden können. Der Teil für stationäre Patienten ist nach den Bestellungen der einzelnen Kostenstellen aufzuteilen. Die Kosten für die Mitarbeiter wird man einer Endkostenstelle im Bereich der Nebenkostenstellen zuordnen.

Will man jetzt die Kosten pro Mahlzeit für die Mitarbeiter ermitteln (hier handelt es sich schon um ein Teilgebiet der Kostenträgerrechnung), so multipliziert man den ermittelten Durchschnittspreis von 2,584269662 € mit den Gewichtungsfaktoren. Das Ergebnis ist dann der Preis pro Frühstück usw.

Verpflegungskosten Mitarbeiter, gegliedert nach den Mahlzeitarten				
	Gewichtungsfaktor	Preis pro Mahlzeit	Kontrolle	
			Anzahl der Essen	Einnahmen
Frühstück	1	2,58	8.000	20.640
Mittagessen	2,5	6,46	17.000	109.820
Abendbrot	1,5	3,88	6.000	23.280
			Summe	153.740[20]

Sind beanspruchte Leistungen nicht messbar oder messbar, ihre Erfassung aber nicht wirtschaftlich, so erfolgt die Verteilung der Kosten indirekt mit Hilfe von Verteilungsschlüsseln. Typische Verteilungsschlüssel sind z.B. Anzahl der Untersuchungen, Anzahl der Patienten, Anzahl der Beschäftigten, kg Wäsche, m^2 Bodenfläche, m^3 umbauter Raum u.a.

3.2.5.4.2 Beispiel Personalkosten der Ärzte (Fachabteilung Kinderchirurgie)

Die Personalkosten der Ärzte der Fachabteilung Kinderchirurgie in Höhe von 394.800 € (pro Jahr) sind der Sammelkostenstelle „Allgemeine Kostenstelle Kinderchirurgie" zugeordnet. Die in dieser Fachabteilung beschäftigten Ärzte arbeiten für verschiedene Kostenstellen, und zwar für die Kostenstellen „Station", „Ambulanz", „OP" und zu einem geringen Teil für andere.

Die nachstehende Tabelle zeigt die geleisteten Stunden je Arzt pro Monat und je Kostenstelle. Diese Leistungsdaten (Stunden) sind Durchschnittswerte und basieren auf genauen Zeiterfassungen und Schätzungen. Sie sollen Grundlage zur Verrechnung der Personalkosten sein.

Das geschieht über die Verteilung der Gesamtpersonalkosten. Die Gesamtpersonalkosten (394.800) dividiert man durch die Gesamtstunden (8844) und erhält den Anteil pro Stunde (44,64043419). Multipliziert man den Anteil pro Stunde mit den entsprechenden Stunden, so erhält man die Personalkosten pro Kostenstelle und pro Arzt.

[20] Die Differenz (24 €) zu den ermittelten Kosten in Höhe von 153.764 resultiert aus den gerundeten Beträgen pro Mahlzeit.

	Durchschnittsstunden pro Jahr (einschl. Bereitschaftsdienste)				
Chirurgie	Arzt A	Arzt B	Arzt C	Arzt D	Summe
Station	1100	1100	1056	473	3729
Ambulanz	517	858	0	1287	2662
OP	473	330	946	231	1980
andere	143	0	220	110	473
Summe	2233	2288	2222	2101	8844
	Kostenverteilung (ganzzahlig gerundet)				
Chirurgie	Arzt A	Arzt B	Arzt C	Arzt D	Summe
Station	49.104	49.104	47.140	21.115	166.464
Ambulanz	23.079	38.301	-	57.452	118.833
OP	21.115	14.731	42.230	10.312	88.388
andere	6.384	-	9.821	4.910	21.115
Summe	99.682	102.136	99.191	93.789	**394.800**

32. Aufgabe

Die Heizkosten in Höhe von 3.137,75 € sind nach m^2 zu verteilen.
(Die Endergebnisse sind auf 2 Stellen rechts vom Komma zu runden.)

Wohnung	1	2	4	5	Gesamt
m^2	78,5	63,6	48,4	83,3	
Heizkosten					

33. Aufgabe

Die Fahrzeugkosten in Höhe von 88.822,72 € sind nach gefahrenen km zu verteilen.
(Die Endergebnisse sind auf 2 Stellen rechts vom Komma zu runden.)

Fahrzeug	1	2	3	4	Gesamt
km	12.875	15.833	20.176	18.200	
Fahrzeugkosten					

34. Aufgabe

Die Personalkosten in Höhe von 1.243.800 € sind nach Pflegetagen zu verteilen.
(Die Endergebnisse sind auf 2 Stellen rechts vom Komma zu runden.)

Stufe	1	2	3	Härtefall	Gesamt
Pflegetage	3.780	8.640	5.143	7.265	
Personalkosten					

3.2.5.4.3 Beispiel Summarische Kostenstellenumlage

Dieses Verfahren verzichtet auf eine Differenzierte Verteilung der Kostenarten.

Kostenstellen / Kosten	Vorkostenstelle	Endkostenstellen		
	Hilfskostenstelle A	I	II	III
Verteilungsschlüssel	500	200	250	50
Personalkosten	300.000	2.000.000	3.000.000	400.000
Sachkosten	800.000	1.800.000	2.500.000	600.000
Summe	1.100.000	3.800.000	5.500.000	1.000.000
	└→	↓	↓	↓
Verteilung		440.000	550.000	110.000
Summe		4.240.000	6.050.000	1.110.000

1.100.000 : 500 = 2.200 pro Schlüsseleinheit
2.200 × 200 = 440.000
2.200 × 250 = 550.000
2.200 × 50 = 110.000

Die Summe aller Kosten der Vorkostenstelle A wurde auf die drei Endkostenstellen verteilt.

3.2.5.4.4 Beispiel differenzierte Kostenstellenumlage

Bei der differenzierten Kostenstellenumlage wird man jede Kostenart der Vorkostenstelle A auf die Endkostenstellen verteilen.

Da hier lediglich das Prinzip der differenzierten Kostenstellenumlage erklärt werden soll, wird auf eine Differenzierung der üblichen Kostenarten verzichtet. Beispielhaft sollen nur zwei Kostenarten verteilt werden.

Differenzierte Kostenstellenumlage

Kostenstellen / Kosten	Vorkostenstelle	Endkostenstellen		
	Hilfskostenstelle A	I	II	III
Verteilungsschlüssel	500	200	250	50
Personalkosten	**300.000**	2.000.000	3.000.000	400.000
Verteilung	300.000 : 500 = 600	**120.000**	**150.000**	**30.000**
Verteilungsschlüssel	100	50	40	10
Sachkosten	**800.000**	1.800.000	2.500.000	600.000
Verteilung	800.000 :100 = 8.000	**400.000**	**320.000**	**80.000**
Summe		4.320.000	5.970.000	1.110.000

Der Vorteil dieser Verteilungsmethode ist, dass unterschiedliche Verteilungsschlüssel benutzt werden können. Andererseits ist diese Methode sehr aufwendig.

3.2.5.4.5 Beispiel Umlage mit Anbauverfahren

Beim Anbauverfahren werden die Kosten der Vorkostenstellen jeweils direkt in einer Summe auf die Endkostenstellen verteilt; eine Verrechnung oder Umlage zwischen den Vorkostenstellen findet nicht statt. Vorteil des Anbauverfahrens ist seine einfache Handhabung. Nachteil dieses Verfahrens ist, dass es nur anzuwenden ist, wenn zwischen den Vorkostenstellen kein wesentlicher Leistungsaustausch stattfindet.

Anbauverfahren

Kostenstellen / Kosten	Vorkostenstelle		Endkostenstellen	
	Hilfskostenstelle A	Hilfskostenstell B	I	II
Verteilungsschlüssel	500	200	250	50
Personalkosten	300.000	2.000.000	3.000.000	400.000
Sachkosten	800.000	1.800.000	2.500.000	600.000
Summe	1.100.000	3.800.000	5.500.000	1.000.000
Schlüssel A			20 %	80%
Schlüssel B			50 %	50 %
Verteilung A			→ 220.000	880.000
Verteilung B			→ 1.900.000	1.900.000
Summe			7.620.000	3.780.000

3.2.5.4.6 Beispiel Umlage mit Stufenleiterverfahren

Kostenstellen / Kosten	Vorkostenstelle		Endkostenstellen	
	Hilfskostenstelle A	Hilfskostenstelle B	I	II
Verteilungsschlüssel	500	200	250	50
Personalkosten	300.000	2.000.000	3.000.000	400.000
Sachkosten	800.000	1.800.000	2.500.000	600.000
Summe	1.100.000	3.800.000	5.500.000	1.000.000
Schlüssel A		10 %	20 %	70%
	→	110.000	220.000	770.000
Summe		3.910.000	5.720.000	1.770.000
Schlüssel B			60 %	40 %
		→	2.346.000	1.564.000
Summe			8.066.000	3.334.000

Der Nachteil des Anbauverfahrens wird beim Stufenleiterverfahren beseitigt, weil eine Umlage zwischen den Vorkostenstellen durchgeführt wird. Wichtig ist allerdings, dass die Folge der Hilfskostenstellen sinnvoll angeordnet ist. Jede Hilfskostenstelle empfängt von der vorgelagerten Hilfskostenstelle Kostenanteile.

Im Beispiel gibt die Hilfskostenstelle A zunächst Kosten an die Hilfskostenstelle B und die Hauptkostenstellen ab. Dann erst folgt die Hilfskostenstelle B, die ihre Kosten weiterleitet an die Hauptkostenstellen.

Typisches Beispiel einer Umlage zwischen den Vorkostenstellen ist die Kostenstelle Gebäude. Alle Betriebsbereiche, auch die als Vorkostenstellen angeordneten (z.B. Wäscherei, Laboratorium u.a.), werden mit Kosten der Vorkostenstelle Gebäude belastet.

Die Genauigkeit dieses Verfahrens hängt entscheidend davon ab, dass die Reihenfolge der Hilfskostenstellen so angeordnet ist, dass jede vorgelagerte Kostenstelle ihre Kosten an die nachgelagerten Kostenstellen abgibt und umgekehrt keine oder nur unwesentlich hohe Leistungen von den nachgelagerten Kostenstellen erhält.

35. Aufgabe

Die Kosten der Hilfskostenstelle 1 sind nach m² zu verteilen.
Die Kosten der Hilfskostenstelle 2 sind nach Pflegetagen P zu verteilen.
Alle Ergebnisse sind ganzzahlig zu runden.

	Gesamt	Hilfskostenstellen 1	Hilfskostenstellen 2	Hauptkostenstellen A	Hauptkostenstellen B
Personalkosten	265.300	42.000	61.800	83.500	78.000
Sachkosten	125.700	16.000	27.800	43.500	38.400
Summe 1	391.000	58.000	89.600	127.000	116.400
Umlage m²	581			278	303
Umlage					
Umlage P	16.850			7.830	9.020
Umlage					
Summe 3					

Wie nennt man das Verfahren dieser Kostenverteilung?

36. Aufgabe

Folgende Informationen erhalten Sie von den Küche:

Gruppe	Anzahl der Mahlzeiten: Frühstück	Mittagessen	Abendbrot
Patienten Krankenhaus	41.200	40.260	39.950
Bewohner Pflegeeinrichtung	6.750	6.820	6.670
Mitarbeiter	14.380	13.877	11.659
Summe			

a) Verteilen Sie die Gesamtkosten in Höhe von 780.000 € auf die drei Gruppen.
Folgende Äquivalenzziffern sind zu berücksichtigen: Frühstück 0,8; Mittagessen 1,3; Abendbrot 0,6.

b) Berechnen Sie die Kosten pro Mahlzeit.

37. Aufgabe

Die Kosten der Hilfskostenstelle I sind nach m^2 zu verteilen.
Die Kosten der Hilfskostenstelle II sind nach Stunden (Std.) zu verteilen.
Die Kosten der Hilfskostenstelle III sind nach Anzahl zu verteilen.
Die Ergebnisse sind ganzzahlig zu runden.

	Gesamt	Vorkostenstellen			Endkostenstellen	
		I	II	III	A	B
Direktkosten	4.549.200	135.000	321.600	408.600	1.248.000	2.436.000
Umlage m^2	725		65	78	215	367
Umlage 1						
Summe						
Umlage Std.	6.248			432	2.694	3.122
Umlage 2						
Summe						
Umlage Anzahl	1.615				508	1.107
Umlage 3						
Summe						

Wie nennt man das Verfahren dieser Kostenverteilung?

38. Aufgabe

a) Welche Verfahren gibt es für die innerbetriebliche Leistungsverrechnung?

b) Wodurch unterscheidet sich die Summarische von der Differenzierten Kostenstellenumlage?

c) Wodurch unterscheidet sich das Anbauverfahren vom Stufenleiterverfahren?

39. Aufgabe

Alle Ergebnisse sind ganzzahlig zu runden!
Die Kosten der Hilfskostenstelle Gebäude sind nach m^2 zu verteilen.
Die Kosten der Leitung/Verwaltung sind nach Pflegetagen P zu verteilen.
Die Kosten der Küche sind nach Anzahl Mahlzeiten M zu verteilen.

		Hilfskostenstellen			Hauptkostenstellen	
		Gebäude	Leitung/ Verwaltung	Küche	Haus A	Haus B
Personalkosten	1.292.000	375.000	78.000	756.300	34.000	48.700
Sachkosten	3.600.000	140.000	830.000	520.000	1.180.000	930.000
Summe						
Umlage m^2	1.257		89	178	530	460
Umlage						
Summe						
Umlage P	17.635				9.256	8.379
Umlage M	84.706				42.763	41.943
Umlage						
Umlage						
Summe						

3.2.5.5 Umlage und Verrechnung der Kosten der Vorkostenstellen bei wechselseitiger Leistungsabgabe *

Wenn einseitige Leistungsströme vorliegen, wird man mit dem Stufenleiterverfahren recht gute und präzise Kostenverteilungen erreichen können. Wenn allerdings umfangreiche wechselseitige Leistungsverflechtungen vorliegen, wird man andere Verfahren einsetzen müssen. Für diesen Zweck wurde das Gleichungsverfahren und das Iterative Verfahren entwickelt. Diese beiden Verfahren sind allerdings sehr aufwendig und daher nur mit der EDV sinnvoll anzuwenden.

3.2.5.5.1 Gleichungsverfahren *

Wenn mehr als zwei Kostenstellen im wechselseitigen Leistungsaustausch stehen, dann ist die Berechnung kompliziert und sehr aufwendig. Eine Lösung solcher Systeme ist nur über geeignete EDV-Programme sinnvoll.

Hier soll lediglich das Gleichungsverfahren einer zweiseitigen innerbetrieblichen Leistungsverrechnung mit 2 Kostenstellen gezeigt werden.

Beispiel Gleichungsverfahren

Die Hilfskostenstelle Gebäude stellt der Hilfskostenstelle Werkstatt Räumlichkeiten zur Verfügung. Die Hilfskostenstelle Werkstatt leistet Reparaturen im und am Gebäude.

Die Kostenverrechnungssätze lassen sich in einem Gleichungssystem gleichzeitig ermitteln.

Zunächst wird ein Gleichungssystem aufgestellt.

Gleichung (1) stellt die Gesamtkosten der Kostenstelle Gebäude (K_G) dar. Die Gesamtkosten K_G setzen sich zusammen aus den Primärkosten 30.000 € und 50 % der Werkstattkosten (K_W). Die Gleichung lautet

(1) $K_G = 30.000 + 0,5\ K_W$

Gleichung (2): Die Gesamtkosten der Werkstatt (K_W) belaufen sich auf 5.000 € und dem Anteil der Gebäudekosten für 50 m^2 = 10 %. Die Gleichung lautet

(2) $KW = 5.000 + 0,1\ KG$

Mit der Einsetzungsmethode lässt sich das Gleichungssystem lösen.

$K_G = 30.000 + 0{,}5\ (5.000 + 0{,}1K_G)$
$K_G = 30.000 + 2.500 + 0{,}05\ K_G$
$0{,}95\ K_G = 32.500$
$\mathbf{K_G = 34.210{,}53\ €}$

$K_W = 5.000 + 0{,}1 \times 34.210{,}53$
$\mathbf{K_W = 8.421{,}05\ €}$

Gebäude: 500 m^2
Leistungsstunden: 200 Stunden
Kosten pro m^2 = 34.210,53 : 500 = **68,42106 €**
Kosten pro h = 8.421,05 = 200 = **42,10525 €**

Kostenstelle / Kosten	Vorkostenstellen		Endkostenstellen		
	Gebäude G	Werkstatt W	I	II	III
Primärkosten	30.000,00	5.000,00	100.000,00	400.000,00	150.000,00
Umlage G	-34.210,53	3.421,05	6.842,11	13.684,21	10.263,16
Umlage W	4.210,53	-8.421,05	2.105,26	1.263,16	842,11
Summe	0,00	0,00	108.947,37	414.947,37	161.105,27
Schlüssel G	500 m^2	50 m^2 = 10 %	100 m^2	200 m^2	150 m^2
Schlüssel W	100 h = 50 %	200 h	50 h	30 h	20 h

3.2.5.5.2 Iteration (Annäherungsverfahren) *

Ausgangspunkt ist das vorherige Beispiel des Gleichungsverfahrens.

Kostenstelle / Kosten	Vorkostenstellen		Hauptkostenstellen		
	Gebäude G	Werkstatt W	I	II	III
Primärkosten	30.000,00	5.000,00	100.000,00	400.000,00	150.000,00
Schlüssel G	500	50	100	200	150
Schlüssel W	100	200	50	30	20
Schritt 1					
Umlage G	-30.000,00	3.000,00	6.000,00	12.000,00	9.000,00
Umlage W	4.000,00	-8.000,00	2.000,00	1.200,00	800,00
Summe 1	4.000,00	**0,00**	108.000,00	413.200,00	159.800,00
Schritt 2					
Umlage G	-4.000,00	400,00	800,00	1.600,00	1.200,00
Summe 2	**0,00**	400,00	108.800,00	414.800,00	161.000,00
Schritt 3					
Umlage W	200,00	-400,00	100,00	60,00	40,00
Summe 3	200,00	**0,00**	108.900,00	414.860,00	161.040,00
Schritt 4					
Umlage G	-200,00	20,00	40,00	80,00	60,00
Summe 4	**0,00**	20,00	108.940,00	414.940,00	161.100,00
Schritt 5					
Umlage W	10,00	-20,00	5,00	3,00	2,00
Summe 5	10,00	**0,00**	108.945,00	414.943,00	161.102,00
Schritt 6					
Umlage G	-10,00	1,00	2,00	4,00	3,00
Summe 6	**0,00**	1,00	108.947,00	414.947,00	161.105,00
Schritt 7					
Umlage W	0,50	-1,00	0,25	0,15	0,10
Summe 7	0,50	**0,00**	108.947,25	414.947,15	161.105,10
Schritt 8					
Umlage G	-0,50	0,05	0,10	0,20	0,15
Summe 8	**0,00**	0,05	108.947,35	414.947,35	161.105,25
Schritt 9					
Umlage W	0,03	-0,05	0,01	0,01	0,01
Summe 9	0,03	**0,00**	108.947,36	414.947,36	161.105,26
	Vergleich mit dem Gleichungsverfahren				
	0,00	0,00	108.947,37	414.947,37	161.105,27

Die ersten drei Schritte sollen im Einzelnen gezeigt werden.

Schritt 1
Man beginnt mit der Kostenstelle G. 30.000 € sind zu verteilen. Das geschieht zunächst so, dass die Gesamtkosten von 30.000 durch die Gesamtfläche (500 m^2) geteilt werden; Ergebnis 60 € pro m^2. Mit diesem Verrechnungspreis werden die entsprechenden m^2 der Kostenstellen multipliziert und die entsprechenden Kostenstellen belastet.

Die Umlage der Kostenstelle W geht jetzt von den Primärkosten und den von der Kostenstelle G erhaltenen Kosten aus (5.000 + 3.000) und verteilt die Summe entsprechend der Stundenzahlen h (Stundensatz: 8.000 : 200 = 40 €/h). Dieser Stundensatz wird mit den Stunden je Kostenstelle multipliziert und das Ergebnis den Kostenstellen zugeschlagen.

Damit sind im 1. Schritt die Gesamtkosten der Kostenstelle W verteilt, die Summe 0,00 €.

Schritt 2
Jetzt sind die Kosten der Kostenstelle G in Höhe von 4.000,00 € nach den m^2-Zahlen der Kostenstellen zu verteilen. Es wird wieder ein Verrechnungspreis pro m^2 berechnet; jetzt 4.000 : 500 = 8 €/m^2. Die m^2-Zahlen der Kostenstellen sind mit dem Verrechnungspreis von 8 €/m^2 zu multiplizieren. Die entsprechenden Kostenstellen sind zu belasten.

Danach sind die Kosten der Kostenstelle G gleich 0,00 €. Die in der Kostenstelle W entstandenen Kosten in Höhe von 400,00 € sind in einem weiteren Schritt zu verteilen.

Schritt 3
Das geschieht, indem die 400 € durch 200 h geteilt werden; Ergebnis ist der Verrechnungspreis pro Stunde (2 €/h) zur Verteilung der 400 € auf die entsprechenden Kostenstellen. Durch die Verteilung wird die Kostenstelle G mit 200 € belastet, die in einem weiteren Schritt zu verteilen sind.

Das Annäherungsverfahren kommt bei Anwendung einer ausreichenden Zahl von Rechenschritten zu einer Genauigkeit, die dem Gleichungsverfahren entspricht. Wegen des hohen Rechenaufwandes macht es Sinn, hierfür ein EDV-Programm einzusetzen. Da in Krankenhäusern eine wechselseitige Leistungsverflechtung kaum eine Rolle spielt, kommen die mathematischen Verfahren nicht zur Anwendung.[21]

[21] Vgl. Hentze/Kehres, Kosten- und Leistungsrechnung in Krankenhäusern, 5. Aufl., Stuttgart 2008, Seite 102

3.3 Kostenträgerrechnung

3.3.1 Einführung

Die Kostenträgerrechnung ist die letzte Stufe der Kostenrechnung. Die Kernfrage, die sich hier stellt, ist: Wofür fallen die Kosten an oder wer „trägt" die Kosten?

Die **Kostenträgerrechnung** verteilt die Kosten verursachungsgerecht auf Kostenträger. Kostenträger sind alle betrieblichen Leistungen. Diese betrieblichen Leistungen verursachen Kosten, die die Kostenträger „tragen" sollen. Kostenträger sind

- für den „Absatz" bestimmte Leistungen und
- innerbetriebliche Leistungen.

Die Kostenträgerrechnung teilt sich in zwei Gebiete: Kostenträgerzeitrechnung und Kostenträgerstückrechnung.

Die **Kostenträgerzeitrechnung** stellt die Leistungen (Erlöse) und die Kosten für eine Periode (z.B. Monat) gegenüber, um damit den Betriebserfolg (Betriebsergebnis) zu ermitteln. Auf die Kostenträgerzeitrechnung soll nicht weiter eingegangen werden.

Die **Kostenträgerstückrechnung** (auch **Kalkulation** genannt) beschäftigt sich vor allem mit der Ermittlung der Kosten je Leistungseinheit und mit der Bildung von internen Verrechnungspreisen. Ferner ist sie behilflich bei der Planung und Kontrolle des Leistungsprogramms.

Diese Aufgaben haben für Krankenhäuser seit Einführung des G-DRG-Systems an Bedeutung zugenommen. Die Kalkulation der Kosten für bestimmte Leistungen ermöglicht einen Vergleich mit anderen Krankenhäusern. Die kalkulierten internen Verrechnungspreise können die Gemeinkosten möglichst verursachungsgerecht bei der Kalkulation berücksichtigen. Diese Gemeinkosten sind nicht unerheblich am Leistungsprozess beteiligt.

Erst wenn sichere Informationen über die Kosten je Leistung vorliegen, kann beurteilt werden, welche Leistungen erfolgreich erbracht werden und welche Leistungen in ihrem Prozess analysiert werden müssen, um gegebenenfalls Änderungen herbeizuführen (z.B. in der Ablauforganisation, eventuell Fremdbezug). Hierbei können die durch das Institut für das Entgeltsystem im Krankenhaus (InEK) ermittelten Kalkulationswerte zum Vergleich herangezogen werden.

3.3.2 Kostenträgerstückrechnung (Kalkulation)

3.3.2.1 Kalkulationsverfahren - Überblick

Es gibt eine Vielzahl von Kalkulationsverfahren, die nicht alle dargestellt werden sollen. Hier die üblichen Verfahren.

3.3.2.1.1 Divisionskalkulation

Die Gesamtkosten werden durch die Anzahl der erbrachten Leistungseinheiten dividiert. Dieses Verfahren kann ohne Bedenken für Einproduktunternehmen angewandt werden.

3.3.2.1.2 Divisionskalkulation mit Äquivalenzziffern[22]

Bei der Divisionskalkulation mit Äquivalenzziffern (Äquivalenzziffernkalkulation) will man die unterschiedlichen Leistungen vergleichbar machen, indem man die einzelnen Leistungseinheiten in Beziehung setzt. Dabei wir jede Leistungseinheit mit einem Faktor gewichtet, der die Intensität der Kostenverursachung darstellt. Das eigentliche Problem ist nicht die Verteilung, sondern ist die Ermittlung der Äquivalenzziffern. Die Äquivalenzziffern zeigen das Verhältnis der einzelnen Leistungen zueinander, wobei das Verhältnis im Wesentlichen durch den Verbrauch der Produktionsfaktoren bestimmt sein sollte. Nur so ist eine Kostenverursachung je Leistung nachvollziehbar. Ein Beispiel soll die Äquivalenzziffernkalkulation erläutern.

Beispiel Pflegepauschale pro Tag einer stationären Pflegeeinrichtung

In stationären Pflegeeinrichtungen teilt man die Bewohner in Pflegestufen ein. Die Pflegestufe deutet den Schweregrad bzw. den zu erbringenden Pflegeaufwand an. Diese Unterschiede lassen sich durch Äquivalenzziffern darstellen:

[22] Äquivalenz = Gleichwertigkeit

Pflegestufe	Äquivalenzziffer
0	0,6
1	1,0
2	1,5
3	2,2

Wenn man – wie im Beispiel – die Pflegestufe 1 mit der Äquivalenzziffer 1 gleichsetzt, so bedeutet die Äquivalenzziffer 1,5 der Pflegestufe 2, dass der Aufwand eineinhalb mal so hoch ist wie bei der Pflegestufe 1.

Die Gesamtkosten des Pflegebereiches mögen 1.810.800 € betragen.

Um die Kosten pro Pflegetag je Bewohner zu ermitteln, wird man folgende Berechnungen durchführen:

Da die Anzahl der Bewohner pro Pflegestufe bzw. die Menge der Pflegetage zu berücksichtigen ist, wird man zunächst die Pflegetage je Stufe mit der jeweiligen Äquivalenzziffer multiplizieren. Das Ergebnis sind die sogenannten Vergleichstage.

Pflegestufe	Äquivalenzziffer	Pflegetage	Vergleichstage
0	0,6	1.800	1.080
1	1,0	10.300	10.300
2	1,6	15.400	24.640
3	2,1	6.800	14.280
		Summe	50.300

Dividiert man die Summe der Kosten durch die Summe der Vergleichstage, so erhält man den Kostensatz pro Vergleichstag (1.810.800 : 50.300 = 36) . Dieser Kostensatz wird mit den Vergleichstagen jeder Pflegestufe multipliziert. Das Ergebnis sind dann die Gesamtkosten je Pflegestufe. Dividiert man die Gesamtkosten je Pflegestufe durch die Pflegetage, so erhält man den Pflegesatz pro Tag.

Pflegestufe	Äquivalenzziffer	Pflegetage	Vergleichstage	Gesamtkosten	Pflegesatz pro Tag
0	0,6	1.800	1.080	38.880	21,60
1	1,0	10.300	10.300	370.800	36,00
2	1,6	15.400	24.640	887.040	57,60
3	2,1	6.800	14.280	514.080	75,60
		Summe	50.300	1.810.800	

Diese Pflegesätze pro Tag beinhalten noch nicht die Kosten für Unterkunft und Verpflegung sowie die Investitionskosten.

40. Aufgabe

Die Gesamtkosten der Kostenstelle Verpflegung belaufen sich auf 217.360 €. Berechnen Sie die Kosten pro Mahlzeit differenziert nach der Tageszeit und die Verpflegungskosten pro Tag.
Folgende Daten liegen vor:

Tageszeit	Äquivalenz-ziffer	Anzahl der Essen
Frühstück	1	20.000
Mittagessen	2,2	18.000
Abendbrot	1,5	16.000

Wie hoch sind die Kosten pro Pflegetag und Pflegestufe?

41. Aufgabe

Verteilung mit Äquivalenzziffern.
Berechnen Sie die Kosten pro Pflegestufe und Tag.

	Äquivalenz-ziffer	Pflege-tage	Vergleichs-tage	Kosten-verteilung	Tagessatz
Stufe 0	0,5	7.000			
Stufe 1	1,0	7.200			
Stufe 2	1,3	10.900			
Stufe 3	1,8	5.470			
Stufe 3 +	2,2	2.545			
Summe				2.799.878	

3.3.2.1.3 Zuschlagskalkulation

Die Zuschlagskalkulation findet vor allem dort Anwendung, wo in einem Betrieb verschiedene Arten von Produkten in verschiedenen Produktionsabläufen bei unterschiedlicher Kostenverursachung hergestellt werden. Bei diesem Verfahren muss man grundsätzlich zwischen **Kostenträgereinzelkosten** und **Kostenträgergemeinkosten** unterscheiden.

Die Einzelkosten werden dem einzelnen Kostenträger direkt zugerechnet, während die Gemeinkosten mit Hilfe von Prozent-Aufschlägen auf die Einzelkosten zugeschlagen werden.

Einzelkosten je Leistung
+ Gemeinkosten (= Einzelkosten × Zuschlagssatz)
Kosten pro Leistung

$$\frac{\text{Kostenträgergemeinkosten}}{\text{Einzelkosten}} \times 100 = \text{Zuschlagssatz in \%}$$

3.3.2.1.4 Kalkulation mit Verrechnungssätzen (Bezugsgrößenkalkulation)[23]

Bei diesem Verfahren wird eine proportionale Beziehung zwischen Kosten der Kostenstelle und der Kostenstellenleistung unterstellt. Die Verrechnungssätze ergeben sich aus der Division von Kostenstellenkosten mit der Leistungsmenge der entsprechenden Kostenstelle. Die eigentliche Schwierigkeit dieses Verfahrens liegt in der Erfassung und vor allem in der Messung der Kostenstellenleistungen.

Beispiele Verrechnungssätze

$$\frac{\text{Gesamtkosten der Kostenstelle Laboratorium}}{\text{Summe der geleisteten Punkte laut GOÄ}} = \text{€ pro GOÄ-Punkt}$$

$$\frac{\text{Kosten des ärztlichen Dienstes Kreißsaal}}{\text{geleistete Stunden des ärztlichen Dienstes Kreißsaal}} = \text{€ pro Stunden}$$

$$\frac{\text{Kosten des ärztlichen Dienstes Operateure}}{\text{Summe aller Schnitt-Naht-Zeiten in Minuten}} = \text{€ pro OP-Minute}$$

[23] Weitere Erklärungen und vor allem auch Beispiele siehe Seite 126 uff.

$$\frac{\text{Kosten des ärztlichen Dienstes Normalstation}}{\text{Summe Pflegetage Normalstation}} = \text{€ pro Pflegetag}$$

Sind die Daten für die Bezugsgrößen je Kostenstelle vorhanden, dann lassen sich die Kalkulationssätze durch einfache Division ermittel:

Kosten der Kostenstelle A dividiert mit der Leistungsmenge der Kostenstelle A = Kostensatz pro Leistungseinheit der Kostenstelle A

Mit dem Kostensatz pro Leistungseinheit kann man z.B. die Gemeinkosten einer direkten Kostenstelle (Hauptkostenstelle) für den Einzelfall berechnen.

Addiert man zu den Kostenträgereinzelkosten die mit den Verrechnungssätzen multiplizierten Leistungen, so erhält man die Gesamtkosten pro Kostenträger (Einzelfall).

42. Aufgabe

Kostenstelle Labor:

Fixe Personalkosten: .... 300.000 €
Laborgeräte: .... 1.800.000 €
Abschreibung: linear; Nutzungsdauer: .... 6 Jahre
Fixe Wartungskosten pro Jahr: .... 75.000 €
Variable Kosten je Laborpunkt: .... 0,015 €
Leistungen insgesamt pro Jahr: ... 7.500.000 Punkte

a) Berechnen Sie die Fixkosten.
b) Berechnen Sie die Gesamtkosten je Punkt.

43. Aufgabe

Die Personalkosten für den ärztlichen Operationsdienst betragen 1.000.000 €; die geleisteten Operationsstunden betragen 625.000 Minuten im Jahr.

a) Berechnen Sie die ärztlichen Personalkosten je Operationsminute.
b) Wie hoch sind die Operationskosten für einen Patienten, der 45 Minuten operiert wurde. An der Operation waren 3 Ärzte beteiligt.

44. Aufgabe

Auf der Station „Innere Medizin“ umfasst der Ärztliche Dienst 3,0 Vollzeitkräfte. Die durchschnittlichen Personalkosten pro Arzt und Jahr sind 72.000 €. In dieser Abteilung wurden 22.000 Pflegetage pro Jahr erbracht.

a) Berechnen Sie die Personalkosten des Ärztlichen Dienstes pro Pflegetag.
b) Wie hoch sind die zu kalkulierenden Kosten für einen Patienten mit einer Verweildauer von 6 Tagen?

45. Aufgabe

Auf der Station „Innere Medizin“ sind 30 Vollzeitkräfte in der Pflege beschäftigt. Die durchschnittlichen Personalkosten pro Kraft und Jahr belaufen sich auf 40.000 €. Insgesamt wurden auf dieser Station 2.750.000 Pflegeminuten geleistet.

Berechnen Sie die Personalkosten pro Pflegeminute.

46. Aufgabe

a) Berechnen Sie den Kalkulationssatz pro Pflegetag für die Personalkosten des Ärztlichen Dienstes einer Chirurgischen Normalstation mit 40 Betten. Leistung: 12.400 Pflegetage. Personalkosten des Ärztlichen Dienstes: 85.300 €.

b) Ein Patient wird am 6.2. aufgenommen und am 12.2. entlassen. Wie hoch sind für diesen Patienten die Personalkosten des Ärztlichen Dienstes. Anmerkung: Aufnahme- und Entlassungstag werden als volle Tage kalkuliert.

47. Aufgabe

Auf der Intensivstation wird man bei der Kalkulation die Bezugsgrößen je nach Leistung wie folgt gewichten.

	Überwachung	Behandlung	Beatmung
Gewichtung	0,55	1,0	1,7

Eine Intensivstation mit 10 Betten leistete im Jahr insgesamt 78.000 Intensivstunden. Auf die Überwachung entfielen 40.000 Stunden, auf die Behandlung 20.000 Stunden und auf die Beatmung 18.000 Stunden.

a) Berechnen Sie die Personalkosten des ärztlichen Dienstes je gewichteter Intensivstunde bei einer Gesamtkostenhöhe von 350.000 €.

b) Wie hoch sind die Personalkosten des ärztlichen Dienstes bei einem Patienten, der 20 Stunden überwacht, 8 Stunden behandelt und 3 Stunden beatmet wurde?

3.3.2.2 Der Patient als Kostenträger

Die eigentliche Leistung eines Krankenhauses ist sehr komplex und kaum messbar. Diese Leistung liegt zwischen dem Aufnahme- und dem Entlassungsbefund. Dieser Unterschied, der hoffentlich für den Patienten positiv ist, ist die eigentliche Leistung des Krankenhauses. Sie wird erreicht durch viele andere Leistungen: Z.B. Pflege, Diagnostik, Therapie, Versorgung, Verwaltung. Das sind nicht einheitliche Leistungen, sodass allein aus diesem Umstand erkennbar ist, dass die Schaffung eines Kostenträgers schwierig ist.

Nimmt man den Patienten als Kostenträger und dividiert die Gesamtkosten durch die Anzahl der Patienten, so würde man zwar auf einfachste Weise die Durchschnittskosten pro Patient erhalten, wobei dieser Durchschnitt keine sinnvolle Größe zur Beurteilung der Kostensituation darstellt oder als Abrechnungsgröße heranzuziehen wäre. In diesem Falle würde ein Patient mit einem Tag Liegezeit genauso viel kosten wie ein Patient mit 1 Woche Liegezeit. Selbst wenn man die Liegezeit berücksichtigen würde, wären die pro Fall berechneten Kosten viel zu ungenau im Hinblick auf die Verursachung.

Um nach Möglichkeit verursachungsgerecht die Kosten pro Patient zu ermitteln, braucht man ein Abrechnungssystem, dass viele Komponenten berücksichtigt. Ein solches System ist ohne EDV nicht praktikabel.

Will man die Kosten eines Krankenhausaufenthaltes für den Patienten X berechnen, so muss man viele Leistungen berücksichtigen. Einige Leistungen lassen sich relativ leicht dem Patienten direkt zuordnen. Bewertet sind das dann die Einzelkosten.

Andere Leistungen dagegen sind nur indirekt zuzuordnen. Die Leistungen der Verwaltung z.B. sollen in welchem Umfang dem einzelnen Patienten zugeordnet (zugedacht) werden? In diesen und anderen Fällen sind die Leistungen nicht messbar und nicht auf den einzelnen Patienten verursachungsgerecht zuzuordnen. Man wird daher von bewerteten Durchschnittsleistungen ausgehen, die sich aus den Gesamtkosten und einem Verrechnungsschlüssel (z.B. Pflegetag) ergeben.

Gesamtkosten der Krankenhausverwaltung pro Jahr: 1.226.400 €

Tatsächliche Pflegetage pro Jahr: 58.400 Tage

Durchschnittliche Verwaltungskosten pro Pflegetag und Patient:

1.225.400 : 58.400 = 21 €

Ist ein Patient 10 Tage im Krankenhaus, dann sind die zu verrechnenden Verwaltungskosten 210 €. Ist ein Patient dagegen nur 1 Tag im Krankenhaus, so belaufen sich die Verwaltungskosten auf nur 21 €.

Bei diesem Verrechnungsschlüssel (Pflegetage) wird unterstellt, dass ein länger im Krankenhaus liegender Patient mehr Verwaltungsleistungen in Anspruch nimmt als ein kürzer im Krankenhaus liegender Patient. Ferner wird unterstellt, dass die Relation Verweildauer und Inanspruchnahme von Verwaltungsleistungen proportional ist. Ob dieser Zusammenhang „verursachungsgerecht" ist, kann angezweifelt werden. Die Verwaltungsleistungen, die ein Patient in Anspruch nimmt, sind zum Teil bei allen Patienten gleich, unabhängig von der Liegedauer. Würde man nun die Anzahl der Fälle als Verrechnungsschlüssel nehmen, so käme man zu einem anderen Ergebnis.

Anzahl der Fälle: 6.410 pro Jahr

1.226.400 : 6.410 = 191,33 € pro Fall (unabhängig von der Liegedauer)

Will man die Verwaltungskosten genauen verteilen, dann müsste man die Verwaltungskosten einteilen in einen fixen und einen variablen Teil. Der fixe Anteil wäre dann für alle Patienten gleich und der variable Anteil könnte sich dann z.B. nach der Liegedauer richten.

Diese Beispiele zeigen, wie umfangreich und kompliziert eine Kostenträgerrechnung im Krankenhaus ist. Die zu beantwortenden Fragen sind: Welche Leistungen werden wo, in welchem Umfang, für wen, wann und wie erbracht? Kosten **und** Leistungen müssen so erfasst werden, dass sie verursachungsgerecht den Kostenträgern angelastet werden können.

Das Kalkulationsschema für die Abrechnung Patient ist im Ansatz sehr einfach:

Einzelkosten (z.B. Implantate)
+ Gemeinkostenzuschläge (**Kalkulationssätze**)
Gesamtkosten pro Patient

Der Schwerpunkt der Kostenträgerrechnung liegt bei der Bildung von Kalkulationssätzen. Hierbei sind die leistenden Stellen sinnvoll zu bilden (Kostenstellen) und die Anzahl der in Anspruch genommenen Leistungen zu dokumentieren

(Leistungsrechnung). Ferner muss der Zusammenhang zwischen Kosten und Leistung so hergestellt werden, dass eine verursachungsgerechte Berechnung der Kosten für den die Leistungen in Anspruch genommenen Patienten möglich ist.

Es sind vor allem zwei Ebenen, die bei der Kostenträgerrechnung eine entscheidende Rolle spielen:

- das Erfassen und Messen von Leistungen pro Patient und
- das Kalkulationssystem zur Berechnung der Kalkulationssätze.

„Eine Kostenträgerrechnung für jeden einzelnen Patienten schied bisher jedoch aus Gründen der Praktikabilität im Hinblick auf den Erfassungs- und Verrechnungsaufwand sowie im Hinblick auf die erforderliche Kalkulationsgenauigkeit aus. Die heute bestehenden EDV-technischen Möglichkeiten lassen jedoch eine Patientenkalkulation zu und schaffen somit eine bisher nicht da gewesene Transparenz der Leistungserbringung.

Eine Patientenkalkulation orientiert sich an Patientengruppen/Fallgruppen, die in sich weitgehend homogen sind und dementsprechend weitgehend übereinstimmende Betriebsleistungen erfordern."[24]

Im deutschen Krankenhauswesen werden Fälle gebildet, die ähnliche Diagnosen mit vergleichbarem Aufwand zusammenfassen. Dabei werden z.B. folgende Parameter berücksichtigt:

- Hauptdiagnosen
- Nebendiagnose(n)
- Prozeduren (z.B. Operationen)
- Alter
- Geschlecht
- Aufnahmegewicht
- Aufnahmeanlass und -grund
- Beratungszeit
- Verweildauer
- Entlassungsgrund

[24] Hentze, Joachim, Kehres, Erich: Kosten- und Leistungsrechnung in Krankenhäusern, 5. Auflage, Stuttgart 2008, Seite 121 f.

Diese Parameter werden von einem sogenannten Grouper erfasst. Der Grouper ist ein zertifiziertes EDV-Programm zur Berechnung der jeweiligen Fallpauschale.

Im Folgenden soll kurz das in Deutschland praktizierte Abrechnungssystem (DRG-System) vorgestellt werden, um im Anschluss daran die Kalkulation zur Ermittlung der Fallpauschalen zu beschreiben.

4 Kalkulation fallbezogener Behandlungskosten im Krankenhaus

4.1 DRG (Diagnosis Related Groups)

Das Entgelt für die allgemeinen voll- und teilstationären Leistungen des Krankenhauses richtet sich nach den gesetzlichen Vorgaben des KHG [25] sowie des KHEntgG [26]. Danach werden allgemeine Krankenhausleistungen überwiegend über Diagnose orientierte Fallpauschalen abgerechnet. Das konkrete Entgelt bemisst sich nach den individuellen Umständen des Krankheitsfalls.

Wahlleistungen sind andere vom Krankenhaus erbrachte stationäre Leistungen, die nicht durch das DRG-System abgedeckt sind. Das gilt auch für die Leistungen für Begleitpersonen, deren Aufnahme in das Krankenhaus nicht medizinisch begründet ist.

Mit dem **DRG-System** (in Deutschland verwendet man das G-DRG-System[27]) will man alle stationären Krankenhausfälle in Fallgruppen mit ähnlichem Kostenniveau zusammenfassen. Zurzeit gibt es etwa 1000 abrechenbare Fallgruppen.

Die Zuordnung zu einer DRG erfolgt über verschiedene Parameter. Die wichtigsten Parameter sind die Hauptdiagnose und Nebendiagnose sowie gegebenenfalls durchgeführte Prozeduren (Operationen, aufwendige diagnostische oder therapeutische Leistungen). Nebendiagnosen können die Schweregradeinstufung beeinflussen. Für die Festlegung der Diagnosen bzw. Prozeduren stehen Kataloge mit ca. 12.400 Diagnosen (**ICD = International Classification of Diseases**) und ca. 24.000 Prozeduren (**OPS = Operations- und Prozedurenschlüssel**) zur Verfügung. Darüber hinaus haben auch Faktoren wie z.B. Alter oder die Entlassungsart Auswirkungen auf die Gruppierung einer DRG.

Die jeweilige DRG ist mit einem **Relativgewicht**[28] (**costweight**) bewertet. Die Relativgewichte spiegeln die Aufwendigkeit der Behandlung im Verhältnis zum Durchschnittsfall wider. Aus der Multiplikation von Relativgewicht und **Basisfallwert (baserate)** (= ein ausgehandelter Wert in €) ergibt sich der Preis für den Behandlungsfall.

---

[25] KHG = Krankenhausfinanzierungsgesetz
[26] KHEntgG = Krankenhausentgeltgesetz
[27] G-DRG = German Refined-Diagnosis Related Groups (Diagnosebezogene Fallgruppen) (refined = gebildet, verfeinert; related = ähnlich, verwandt)
[28] Für Relativgewicht sagt man auch relatives Kostengewicht.

Beispiel

DRG	DRG-Definition	Relativgewicht	Basisfallwert	Preis in €
I 69.B	Knochenkrankheiten und spezifische Arthropathien ohne komplexe Diagnose	0,680	2.900,00 €	**1.972,00 €**

Welche DRG bei einem Krankheitsbild für die Abrechnung heranzuziehen ist, lässt sich nicht vorhersagen. Es kommt darauf an, welche Diagnose(n) am Ende des stationären Aufenthaltes gestellt und welche Prozeduren im Fortgang der Behandlung tatsächlich erbracht wurden.

In der Praxis wird der Arzt bzw. die Ärztin aus den ICD- und OPS-Katalogen die Diagnose(n) und die Prozeduren in ein zertifiziertes EDV-Programm (**Grouper**) eingeben. Dieser Grouper ermittelt dann den DRG-Fall und den DRG-Preis.

Das Abrechnungssystem geht von einer unteren, mittleren und oberen Verweildauer im Krankenhaus aus. Wird in einem Behandlungsfall die untere Verweildauer (= untere Grenzverweildauer) unterschritten, erfolgt ein täglicher Abschlag. Wird die obere Grenzverweildauer überschritten, erfolgt ein täglicher Zuschlag. Diese täglichen Ab- bzw. Zuschläge werden ebenfalls mit einem eigenen Relativgewicht bewertet. Darüber hinaus können noch verschiedene Zuschläge in Rechnung gestellt werden.

Vergütet werden die Krankenhausleistungen heute vor allem mit pauschalierten Entgelten des DRG-Systems.

Die Frage, die sich in diesem Zusammenhang stellt, ist, wie werden die Relativgewichte ermittelt, die zur Berechnung der Entgelte des DRG-Systems führen.

2001 haben die Spitzenverbände der Krankenkassen, der Verband der Privaten Krankenversicherung und die Deutsche Krankenhausgesellschaft das „**Institut für das Entgeltsystem im Krankenhaus**“ (**InEK**) gegründet mit dem Ziel, bei der gesetzlich vorgeschriebenen Einführung und Weiterentwicklung des DRG-Systems behilflich zu sein. 2003 hat das InEK mit der Kalkulation der Bewertungsrelationen für das Jahr 2004 begonnen.

Auszug aus dem DRG-Katalog 2011[29] (Fallpauschalenkatalog)

Die Spalten 5, 12 und 13 wurden weggelassen, weil sie für die genannten Beispiele keine Rolle spielen (Fußnoten und Abkürzungen: siehe am Ende der Tabelle)

DRG	Partition	Bezeichnung	Bewertungsrelation bei Hauptabteilung	Mittlere Verweildauer 1)	Untere Grenzverweildauer: Erster Tag mit Abschlag 2),5)	Untere Grenzverweildauer: Bewertungsrelation/ Tag	Obere Grenzverweildauer: Erster Tag zus. Entgelt 3),5)	Obere Grenzverweildauer: Bewertungsrelation/ Tag	Externe Verlegung Abschlag/ Tag (Bewertungsrelation)
1	2	3	4	6	7	8	9	10	11
F24 A	O	Perkutane Koronarangioplastie mit komplexer Diagnose und hochkomplexer Intervention oder mit perkutaner Angioplastie, Alter > 15 Jahre, mit äußerst schweren CC	2,696	11,6	3	0,426	24	0,103	0,135
F24 B	O	Perkutane Koronarangioplastie mit komplexer Diagnose und hochkomplexer Intervention oder mit perkutaner Angioplastie, Alter > 15 Jahre, ohne äußerst schwere CC	1,799	6,6	1	0,748	13	0,100	0,124
F48 Z	A	Geriatrische frührehabilitative Komplexbehandlung bei Krankheiten und Störungen des Kreislaufsystems	2,237	23,6			39	0,065	0,090
F73 Z	M	Synkope und Kollaps	0,512	4,7	1	0,338	10	0,075	0,088

[29] Jährlich erscheint ein überarbeiteter Fallpauschalenkatalog.

G18 B	O	Eingriffe an Dünn- und Dickdarm außer bei angeborener Fehlbildung oder Alter > 1 Jahr, ohne hochkomplexen Eingriff, ohne komplizierende Diagnose, mit komplexem Eingriff	2,514	13,6	4	0,300	27	0,077	0,103
I47 B	O	Revision oder Ersatz des Hüftgelenkes ohne komplizierende Diagnose, ohne Arthrodese, ohne äußerst schwere CC, Alter > 15 Jahre, ohne komplizierenden Eingriff	2,251	12,0	3	0,279	18	0,065	0,086

Abkürzungen:

CC	Komplikationen oder Komorbiditäten
MDC	Hauptdiagnosegruppe (Major Diagnostic Category)
OR	operativ (Operating Room)
ZE	Zusatzentgelt
ZE_D	Zusatzentgelt, differenziert
Partition "O"	operative Fallpauschalen
Partition "A"	andere Fallpauschalen, z. B. Koloskopie
Partition "M"	medizinische Fallpauschalen

Fußnoten:

1) Belegungstage, die der Kalkulation der Fallpauschale zu Grunde gelegt wurden.

2) Erster Belegungstag, an dem nach § 1 Abs. 3 ein Abschlag von der Fallpauschale vorzunehmen ist.

3) Erster Belegungstag, an dem nach § 1 Abs. 2 ein tagesbezogenes Entgelt zusätzlich zur Fallpauschale gezahlt wird.

4) Eine Zusammenfassung von Fällen bei Wiederaufnahme in dasselbe Krankenhaus nach § 2 Abs. 1 und 2 erfolgt nicht.

5) Wenn die Definition der DRG keine untere Grenzverweildauer und / oder keine obere Grenzverweildauer zulässt, dann werden im Katalog entsprechend keine Werte angegeben.

Das **InEK** hat ein Handbuch zur Anwendung der Kalkulation von Fallkosten in Krankenhäusern herausgegeben, das für alle Krankenhäuser, die sich an der Kalkulation beteiligen wollen, verbindlich ist. [30]

Im Vorwort zum **Kalkulationshandbuch** der InEK heißt es u.a.:

> *„Mit dem „GKV-Gesundheitsreformgesetz 2000“ wurden die Deutsche Krankenhausgesellschaft (DKG), die Spitzenverbände der Krankenkassen (GKV) und der Verband der privaten Krankenversicherung (PKV) mit der Einführung eines DRG-Systems beauftragt. Bereits Mitte des Jahres 2000 einigten sich die Selbstverwaltungspartner auf das australische System in der Version ARDRG 4.0 als Grundlage für die Entwicklung eines deutschen G-DRG-Systems. Gleichzeitig mit der Systemauswahl wurde mit dem Grundsatz einer regelgebundenen Weiterentwicklung des Systems auf der Basis empirischer Daten aus deutschen Krankenhäusern ein entscheidender Grundstein für die erfolgreiche Systemeinführung gelegt.*
>
> *Um diesen von allen Selbstverwaltungspartnern getragenen Grundsatz umzusetzen, musste zunächst eine Methodik zur Kalkulation von Fallkosten entwickelt werden. …*
>
> *Nachdem die Finanzierung der Systementwicklung mit dem „DRG-Systemzuschlags-Gesetz“ vom 16. März 2001 gesichert war, gründeten die Selbstverwaltungspartner am 10. Mai 2001 das „Institut für das Entgeltsystem im Krankenhaus“ (InEK GmbH), das im Jahr 2002 seine produktive Arbeit aufnehmen konnte. Der Gestaltungsprozess des G-DRG-Systems hat einen kontinuierlichen Anstieg der Anforderungen an die Qualität der Kalkulationsdaten bewirkt. Gleichzeitig sind in den Krankenhäusern das methodische Wissen und die Erfahrungen in der praktischen Umsetzung der Methodik gewachsen. …“*

[30] **Kalkulationshandbuch**, Seite 1

Übersicht über die Kalkulationsschritte zur Ermittlung der DRG-relevanten Fallkosten

(Quelle: **Kalkulationshandbuch**, Seite 220)

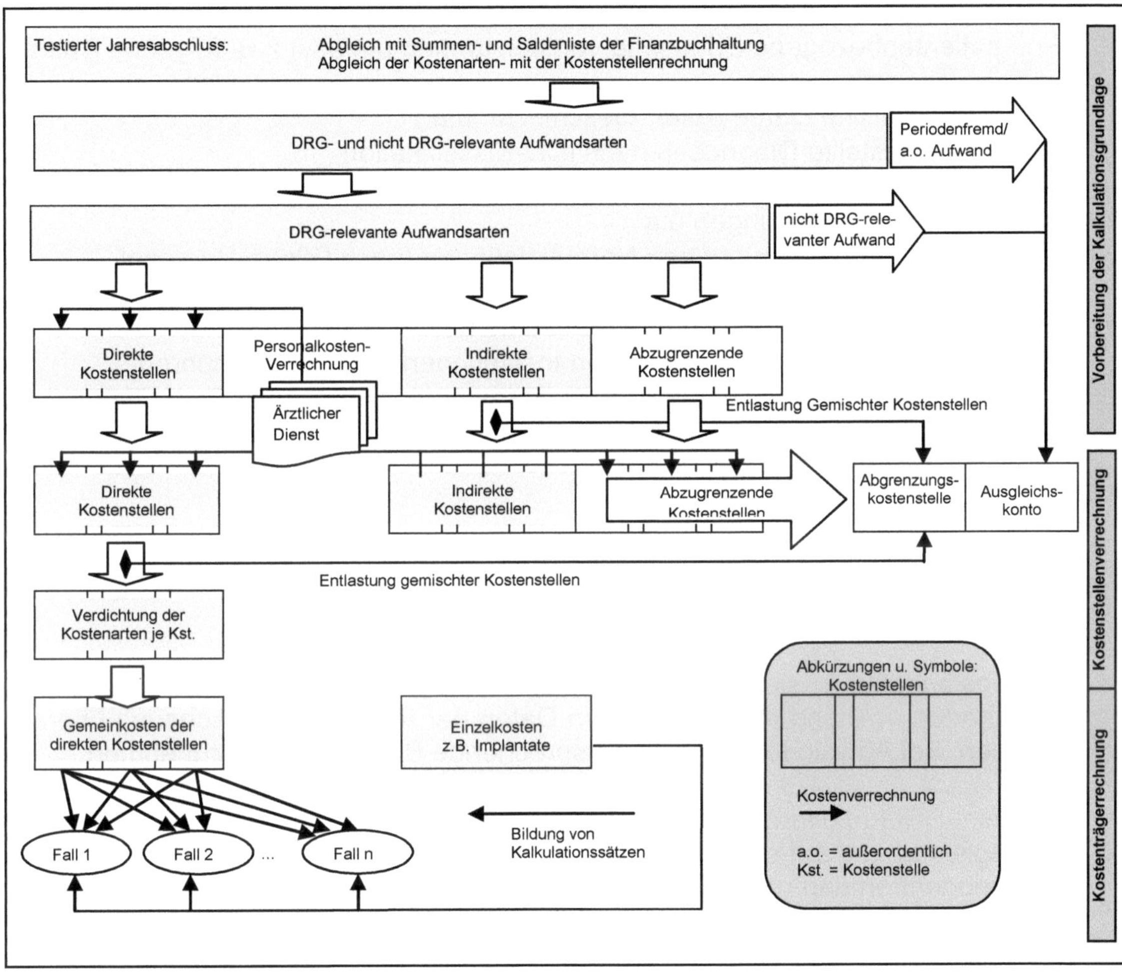

4.2 Die Kalkulation von Fallkosten im DRG-System

Für die Kalkulation ist eine patientenbezogene Erfassung der Leistungen erforderlich.

Eine patientenbezogene Erfassung von Leistungen umfasst z.B. folgende Daten:

- Persönliche Daten (Alter, Geschlecht, u.a.)
- Festgestellte Diagnosen nach ICD-Klassifikation
- Operationen: OPS-Schlüssel, Operationszeiten, Personalbesetzung, Anästhesieleistungen u.a.
- Pflegekategorien auf den Normalstationen (nach Pflege-Personalregelung PPR)
- Pflegeintensität auf den Intensivstationen
- Leistungen aller medizinischen Institutionen nach der Gebührenordnung für Ärzte (GOÄ) (Leistungsmenge, leistungserbringende und anfordernde Kostenstellen)
- Nutzung des Kreißsaals
- Verweildauer
- Verlegungen
- Sachkosten des medizinischen Bedarfs bei teuren Artikeln und Medikamenten

Die Kostendaten basieren auf dem testierten Jahresabschluss. Die Zahlen der Kostenartenrechnung müssen mit den Daten der Kostenstellenrechnung übereinstimmen. Bei Abweichungen sind entsprechende Buchungen vorzunehmen.

Die nicht DRG-relevanten Kosten werden in der Kostenartenrechnung vollständig ausgegliedert und auf ein „Ausgleichskonto" übertragen. Hierzu gehören vor allem die periodenfremden und außerordentlichen Aufwendungen.

Personalkosten, die auf Sammelkostenstellen erfasst wurden, sind entsprechend des zeitlichen Einsatzes der Mitarbeiter auf die direkten Kostenstellen zu verteilen.[31] Z.B. sind die Kosten des ärztlichen Dienstes (gesammelt auf der Sammelkostenstelle) auf die Kostenstellen OP, Station, Ambulanz u.a. aufzuteilen.

Jetzt sind die DRG-relevanten Leistungen und Kosten je Kostenstelle zu ermitteln. Zu den nicht DRG-relevanten Leistungen gehören Wahlleistungen, Leistungen

[31] Siehe Beispiel einer Peronalkostenverteilung, Seite 85

der ambulanten Bereiche, Leistungen der Psychiatrie, Psychosomatik, Psychotherapeutischen Medizin sowie Leistungen für Ausbildungsstätten. Die den nicht DRG-relevanten Leistungen entsprechenden Kosten sind abzugrenzen.

Für die Kostenstellenverrechnung sind entsprechende Verrechnungsschlüssel festzulegen. Nach Verrechnung bzw. Umlage aller Kosten auf die direkten Kostenstellen, kann mit der Kostenträgerrechnung begonnen werden.

Alle Kostenstellen sind nach ihrem Kostenträgerbezug einzuteilen. Dabei entsteht folgende Einteilung:[32]

(Quelle: **Kalkulationshandbuch**, Seite 54)

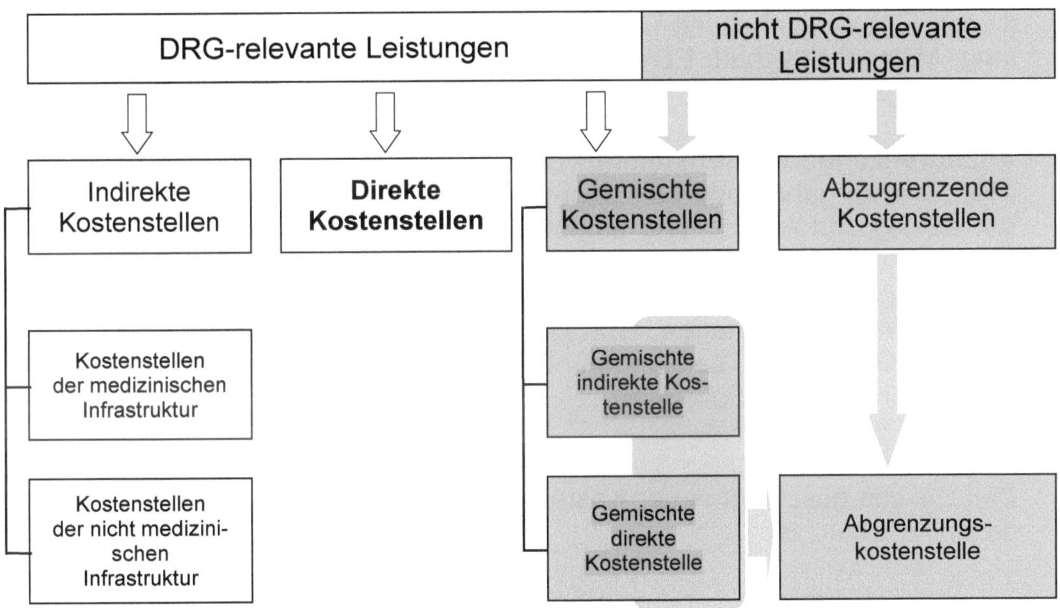

Direkte Kostenstellen erbringen medizinisch-pflegerische Leistungen direkt für die Patienten. Hierher gehören z.B. die Pflegefachbereiche (Stationen), OP-Bereich, Labor.

Bei den **indirekten Kostenstellen** besteht kein direkter medizinisch-pflegerischer Leistungsbezug zum Patienten. Hierher gehören z.B. die Küche, die Verwaltung.

[32] Vgl. auch Seite 121 die Übersicht über die Kostenstellengliederung

Die indirekten Kostenstellen werden unterteilt in Kostenstellen der medizinischen und der nicht medizinischen Infrastruktur. In den indirekten Kostenstellen der medizinischen Infrastruktur arbeiten überwiegend Mitarbeiter des ärztlichen Dienstes, des Pflegedienstes, des medizinisch-technischen Dienstes oder des Funktionsdienstes. Hierher gehören z.B. die Ärztliche Leitung, Pflegedienstleitung, Medizincontrolling, Zentraler Schreibdienst/Dokumentation (med.), Werkstätten und Technischer Dienst (Medizintechnik), Patiententransporte, Apotheke, Zentrale Sterilisation u.a.

Zu den indirekten Kostenstellen der nicht medizinischen Infrastruktur gehören z.B. Gebäude einschließlich Grundstücke und Außenanlagen (soweit sie für den Betrieb des Krankenhauses unerlässlich sind), Kaufmännische Leistung des Krankenhauses, Betriebswirtschaftliches Controlling, Allgemeiner zentraler Schreibdienst, Finanzbuchhaltung und Kosten- und Leistungsrechnung, Personalverwaltung, Materialwirtschaft, EDV, Speisenversorgung, Wäscheversorgung, Zentraler Reinigungsdienst u.a.

Abzugrenzende Kostenstellen sind einzurichten, um die Kosten für nicht in das DRG-System gehörende Leistungen herauszunehmen. Hierher gehören z.B. die Verwaltung und Abrechnung ambulanter Patienten, ambulantes Operieren, Psychiatrie, Ausbildungsstätten, Forschung und Lehre, Hilfs- und Nebenbetriebe u.a.

Gemischte Kostenstellen erbringen neben DRG-relevanten Leistungen auch nicht DRG-relevante Leistungen. Die Aufwendungen für nicht DRG-relevante Leistungen sind auszugliedern.

In der Kostenartenrechnung wurden die nicht DRG-relevanten Kosten abgegrenzt. Das Gleiche geschieht in der Kostenstellenrechnung. Die Abgrenzungstatbestände sind hierbei z.B.:

- Kosten für rein vorstationäre Leistungen nach § 115 a SGB V,
- Kosten für Wahlleistungen,
- Kosten für Begleitpersonen,
- Kosten für Leistungen, die in Einrichtungen der Psychiatrie, Psychosomatik oder Psychotherapeutischen Medizin erbracht werden,
- Kosten für ambulante Leistungen einschließlich ambulanter Operationen nach § 115 b SGB V,
- Kosten der Ausbildungsstätten,
- Kosten für Personalverpflegung,
- Kosten der Nebenbetriebe u.a.

Die Kosten der indirekten Kostenstellen werden auf die direkten Kostenstellen und gegebenenfalls auf die abzugrenzende Kostenstelle verteilt. Das hierbei anzuwendende Verfahren ist die innerbetriebliche Leistungsverrechnung (**ILV**). Dabei werden alle Kosten der indirekten Kostenstellen anhand verursachungsgerechter Verrechnungsschlüssel auf die direkten Kostenstellen bzw. abzugrenzende Kostenstellen verteilt. Im Ergebnis sind in jeder direkten Kostenstelle die verrechneten Kosten der medizinischen und nicht medizinischen Infrastruktur enthalten.

Die innerbetriebliche Leistungsverrechnung kann grundsätzlich drei Methoden anwenden: Gleichungsverfahren, Stufenleiterverfahren und Anbauverfahren.

Die Güte der Leistungsverrechnung ist entscheidend davon abhängig, mit welchen Verrechnungsschlüsseln gearbeitet wird. Einige Verrechnungsschlüssel sind auf Seite 123 aufgeführt.

Nach Verrechnung aller Kosten, werden die Kostenarten der direkten Kostenstellen zu definierten **Kostenartengruppen** zusammengefasst. Damit erreicht man einen geringeren Aufwand und eine bessere Übersicht in der Kalkulation. Jede Kostenart wird genau einer Kostenartengruppe zugeordnet.

Kostenartengruppe	
1	Personalkosten ärztlicher Dienst
2	Personalkosten Pflegedienst
3	Personalkosten des Funktionsdienstes und des medizinisch-technischen Dienstes
4a	Sachkosten für Arzneimittel
4b	Sachkosten für Arzneimittel (Einzelkosten/Istverbrauch)
5	Sachkosten für Implantate und Transplantate
6a	Sachkosten des medizinischen Bedarfs (ohne Arzneimittel, Implantate und Transplantate)
6b	Sachkosten des medizinischen Bedarfs (Einzelkosten/Istverbrauch; ohne Arzneimittel, Implantate und Transplantate)
7	Personal- und Sachkosten der medizinischen Infrastruktur
8	Personal- und Sachkosten der nicht medizinischen Infrastruktur

In einem nächsten Schritt wird man die noch vorhandenen direkten Kostenstellen zu definierten **Kostenstellengruppen** zusammenfassen, wobei eine direkte Kostenstelle nur einer Kostenstellengruppe zugeordnet wird.

Kostenstellengruppe	
1	Normalstation (einschl. Aufnahmestation, Neugeborenenzimmer, Schlaflabor)
2	Intensivstation
3	Dialyseabteilung
4	OP-Bereich
5	Anästhesie
6	Kreißsaal
7	Kardiologische Diagnostik/Therapie
8	Endoskopische Diagnostik/Therapie
9	Radiologie
10	Laboratorien
11	Übrige diagnostische und therapeutische Bereiche

Aus diesen beiden Gruppen lässt sich eine Matrix erstellen, deren Schnittpunkte im **Kalkulationshandbuch** als „definierte Kostenmodule für den fallbezogenen Datensatz" bezeichnet werden. Nach diesen Kostenmodulen ist die Kostenträgerrechnung aufgebaut. Die Kostenmodule sind auf Seite 136 dargestellt.

Übersicht über die Kostenstellengliederung (vereinfacht)

(Quelle: **Kalkulationshandbuch**, Seite 243 ff.)

Kst.Nr. (KHBV)	erweiterte Mindestanforderung	empfohlene Gliederung	Kostenstellenbezeichnung	Direkte Kst.	Indirekte Kst.	Kst. medizinische Infrastruktur	Kst. nicht medizinische Infrastruktur	Abzugrenzende Kst.
1	2	3	4	5	6	7	8	9
90			**Gemeinsame Kostenstellen**					
900			Gebäude einschl. Grundstück und Außenanlagen		x		x	
		9001	Gebäude/Grundstück (für den Betrieb des Krankenhauses unerlässlich		x		x	
		9002	Gebäude/Grundstück (für den Betrieb des Krankenhauses nicht unerlässlich					x
9010			Leitung und Verwaltung des Krankenhauses		x		x	
	90101		Kaufmännische Leitung		x		x	
	90102		Ärztliche Leitung		x	x		
	90103		Pflegedienstleitung		x	x		
	90104		Betriebswirtschaftliches Controlling		x		x	
	90105		Medizincontrolling		x	x		
		90106	Patientenverwaltung/Abrechnung (stationäre Patienten)		x		x	
		90107	Patientenverwaltung/Abrechnung (ambulante Patienten)					x
		90108	Drittmittelverwaltung					x
		90109	Zentraler Schreibdienst (allgemein)		x		x	
		90110	Zentraler Schreibdienst/Dokumentation (med.)		x	x		
		90111	Finanzbuchhaltung/Kosten- und Leistungsrechnung		x		x	
		90112	Personalverwaltung		x		x	
		90113	Materialwirtschaft		x		x	
		90114	EDV/IT-Support		x		x	
902			Werkstätten		x		x	
		9021	Werkstätten/Technischer Dienst (Medizintechnik)		x	x		
		9022	Werkstätten/Technischer Dienst (außer Medizintechnik)		x		x	
904			Personaleinrichtungen (für den Betrieb des Krankenhauses unerlässlich)		x		x	
905			Aus-, Fort- und Weiterbildung		x		x	
906			Sozialdienst, Patientenbetreuung		x	x		

Fortsetzung nächste Seite

Kst.Nr. (KHBV)	erweiterte Mindestanforderung	empfohlene Gliederung	Kostenstellenbezeichnung	Direkte Kst.	Indirekte Kst.	Kst. medizinische Infrastruktur	Kst. nicht medizinische Infrastruktur	Abzugrenzende Kst.
1	2	3	4	5	6	7	8	9
91			**Versorgungseinrichtungen**					
910			Speisenversorgung		x		x	
911			Wäscheversorgung		x		x	
912			Zentraler Reinigungsdienst		x		x	
913			Versorgung mit Energie, Wasser, Brennstoffen		x		x	
		9131	Medizinische Gasversorgung		x	x		
		9232	Medizinversorgung (außer med. Gase)		x		x	
914			Innerbetriebliche Transporte		x		x	
		9141	Patiententransporte		x	x		
		9142	Andere Transporte		x		x	
917			Apotheke		x	x		
		9171	Arzneimittelausgabe (ohne Herstellung)		x	x		
		9172	Arzneimittelzubereitung		x	x		
918			Zentrale Sterilisation		x	x		
92			**Medizinische Institutionen**					
			alle Kostenstellen	x				
		9256	bis auf Ambulantes Operieren					x
93-95			**Pflegefachbereiche - Normalpflege**					
			alle Kostenstellen	x				
956			bis auf Psychiatrie					x
96			**Pflegefachbereiche – abweichende Pflegeintensität**					
			alle Kostenstellen	x				
97			**Sonstige Leistungen**					
970			Personaleinrichtungen (für den Betrieb des Krankenhauses nicht unerlässlich)					x
971			Ausbildung					x
972			Forschung und Lehre					x
98			**Ausgliederungen**					
981			Hilfs- und Nebenbetriebe					x
982			Bereitstellung Notarzt					x

Verrechnungsschlüsseln für die innerbetriebliche Leistungsverrechnung (vereinfacht)

(Quelle: **Kalkulationshandbuch**, Seite 248 und 249)

Kst.Nr.	Kostenstellen	Verrechnungsschlüssel	
	Kostenstellen der medizinischen Infrastruktur	Priorität 1	Priorität 2
901	Ärztlicher Direktor	Vollzeitkräfte ÄD	primäre Personalkosten ÄD
	Pflegedienstleitung	Vollzeitkräfte PD	primäre Personalkosten PD
	Medizinischer Schreibdienst	Arbeitsstunden	Vollzeitkräfte ÄD, PD, FD
	Archiv Patientenakten	bearbeitete Dokumente	Fallzahl
	Medizinische Dokumentation	bearbeitete Dokumente	Pflegetage
	Medizincontrolling	Vollzeitkräfte	primäre Gemeinkosten
	Qualitätsmanagement	Vollzeitkräfte (KoAGrp 1-3)	primäre Personalkosten (KoAGrp 1-3)
902	Werkstatt (medizinisch)	Arbeitsstunden	primäre Sachkosten
906	Sozialdienst	betreute Patienten	Pflegetage
	Krankenhausseelsorge	Pflegetage	
911	Bettenaufbereitung	Anzahl aufbereitete Betten	Fallzahl
912	Krankenhaushygiene	Arbeitsstunden	
913	Versorgung med. Gase	Verbrauchsmenge	Anschlüsse
	Medizintechnik	Arbeitsstunden	Ausstattung Geräte
914	Krankentransporte	Anzahl Transporte	Vollzeitkräfte
917	Apotheke	Anzahl Bestellungen	primäre Sachkosten (KoAGrp 4)
918	Zentralsterilisation	Sterilguteinheiten	
	Kostenstellen der nicht medizinischen Infrastruktur		
900	Gebäude, Grundstücke, Außenanlagen	m^2 Nutzfläche	m^2 Grundfläche
901	Verwaltung (allgemein), Krankenhausdirektion	Vollzeitkräfte	primäre Gemeinkosten
	Patientenverwaltung	Fallzahl	
	Finanzbuchhaltung, Kosten- und Leistungsrechnung, Personalabteilung	Vollzeitkräfte	primäre Gemeinkosten
	Einkauf/Materialwirtschaft	Anzahl Bestellungen	primäre Sachkosten
904	Betriebsrat	Vollzeitkräfte	primäre Personalkosten
910	Küche	Anzahl Essen (gewichtet)	Beköstigungstage
911	Wäscherei, Schneiderei	kg Wäsche	Pflegetage
912	Reinigung	Reinigungsfläche	
913	Wärmeversorgung, Wasserversorgung-Stromversorgung,	Verbrauchsmenge	m^2 Nutzfläche
	Abfall/Entsorgung	m^2 Nutzfläche	m^2 Grundfläche
914	Innerbetriebliche Transporte	Anzahl Transporte	Vollzeitkräfte
	Fuhrpark	gefahrene km	Vollzeitkräfte

Bezugsgrößen (Kosten- und Leistungsdaten) für die Kalkulation

(Quelle: **Kalkulationshandbuch**, Seite 239) – lt. = laut

		Personalkosten			**Sachkosten**					**Personal- u. Sachkosten**	
		Personalkosten ärztlicher Dienst	Personalkosten Pflegedienst	Personalkosten med.-techn. Dienst/ Funktionsdienst	Sachkosten Arzneimittel		Sachkosten Implantate/ Transplantate	Sachkosten übriger medizinischer Bedarf		Personal- und Sachkosten med. Infrastruktur	Personal- und Sachkosten nicht med. Infrastruktur
		1	2	3	4a	4b	5	6a	6b	7	8
Normalstation	1	Pflegetage	PPR-Minuten	Pflegetage	PPR-Minuten	Ist-Verbrauch Einzelkostenzuordnung	---	PPR-Minuten	Ist-Verbrauch Einzelkostenzuordnung	Pflegetage	Pflegetage
Intensivstation	2	gewichtete Intensivstunden	gewichtete Intensivstunden	gewichtete Intensivstunden	gewichtete Intensivstunden	Ist-Verbrauch Einzelkostenzuordnung	Ist-Verbrauch Einzelkostenzuordnung	gewichtete Intensivstunden	Ist-Verbrauch Einzelkostenzuordnung	Intensivstunden	Intensivstunden
Dialyseabteilung	3	gewichtete Dialysen	gewichtete Dialysen	gewichtete Dialysen	gewichtete Dialysen	Ist-Verbrauch Einzelkostenzuordnung	---	gewichtete Dialysen	Ist-Verbrauch Einzelkostenzuordnung	gewichtete Dialysen	gewichtete Dialysen
OP-Bereich	4	Schnitt-Naht-Zeit mit GZF und Rüstzeit	---	Schnitt-Naht-Zeit/ HLM-Zeit mit GZF und Rüstzeit	Schnitt-Naht-Zeit/ mit Rüstzeit	Ist-Verbrauch Einzelkostenzuordnung	Ist-Verbrauch Einzelkostenzuordnung	Schnitt-Naht-Zeit/ mit Rüstzeit	Ist-Verbrauch Einzelkostenzuordnung	Schnitt-Naht-Zeit/ mit Rüstzeit	Schnitt-Naht-Zeit/ mit Rüstzeit
Anästhesie	5	Anästhesiologie-Zeit und GZF	---	Anästhesiologie-Zeit	Anästhesiologie-Zeit	Ist-Verbrauch Einzelkostenzuordnung	---	Anästhesiologie-Zeit	Ist-Verbrauch Einzelkostenzuordnung	Anästhesiologie-Zeit	Anästhesiologie-Zeit
Kreißsaal	6	Aufenthaltszeit der Patientin im Kreißs.	---	Aufenthaltszeit der Patientin im Kreißs.	Aufenthaltszeit der Patientin im Kreißs.	Ist-Verbrauch Einzelkostenzuordnung	---	Aufenthaltszeit der Patientin im Kreißs.	Ist-Verbrauch Einzelkostenzuordnung	Aufenthaltszeit der Patientin im Kreißs.	Aufenthaltszeit der Patientin im Kreißs.
Kardiologische Diagnostik/ Therapie	7	1Eingriffszeit 2Punkte lt.Leistungskatalog	---	1Eingriffszeit 2Punkte lt.Leistungskatalog	1Eingriffszeit 2Punkte lt.Leistungskatalog	Ist-Verbrauch Einzelkostenzuordnung	Ist-Verbrauch Einzelkostenzuordnung	1Eingriffszeit 2Punkte lt.Leistungskatalog	Ist-Verbrauch Einzelkostenzuordnung	1Eingriffszeit 2Punkte lt.Leistungskatalog	1Eingriffszeit 2Punkte lt.Leistungskatalog
Endoskopische Diagnostik/ Therapie	8	1Eingriffszeit 2Punkte lt.Leistungskatalog	---	1Eingriffszeit 2Punkte lt.Leistungskatalog	1Eingriffszeit 2Punkte lt.Leistungskatalog	Ist-Verbrauch Einzelkostenzuordnung	Ist-Verbrauch Einzelkostenzuordnung	1Eingriffszeit 2Punkte lt.Leistungskatalog	Ist-Verbrauch Einzelkostenzuordnung	1Eingriffszeit 2Punkte lt.Leistungskatalog	1Eingriffszeit 2Punkte lt.Leistungskatalog
Radiologie	9	Punkte lt.Leistungskatalog	---	Punkte lt.Leistungskatalog	Punkte lt.Leistungskatalog	Ist-Verbrauch Einzelkostenzuordnung	Ist-Verbrauch Einzelkostenzuordnung	Punkte lt.Leistungskatalog	Ist-Verbrauch Einzelkostenzuordnung	Punkte lt.Leistungskatalog	Punkte lt.Leistungskatalog
Laboratorien	10	Punkte lt.Leistungskatalog	---	Punkte lt.Leistungskatalog	Punkte lt.Leistungskatalog	Ist-Verbrauch Einzelkostenzuordnung	Ist-Verbrauch Einzelkostenzuordnung	Punkte lt.Leistungskatalog	Ist-Verbrauch Einzelkostenzuordnung	Punkte lt.Leistungskatalog	Punkte lt.Leistungskatalog
Übrige diagnostische und therapeutische Bereiche	11	1Eingriffszeit 2Punkte lt.Leistungskatalog	1Eingriffszeit 2Punkte lt.Leistungskatalog	1Eingriffszeit 2Punkte lt.Leistungskatalog	1Eingriffszeit 2Punkte lt.Leistungskatalog	Ist-Verbrauch Einzelkostenzuordnung	Ist-Verbrauch Einzelkostenzuordnung	1Eingriffszeit 2Punkte lt.Leistungskatalog	Ist-Verbrauch Einzelkostenzuordnung	1Eingriffszeit 2Punkte lt.Leistungskatalog	1Eingriffszeit 2Punkte lt.Leistungskatalog

Exkurs: Pflege-Personalregelung – Pflege-PR (PPR als Bezugsgröße)

Die Pflege-Personalregelung (PPR) vom 21. Dez. 1992 ist seit 1996 für den eigentlichen Zweck (Personalbedarf festzustellen) nicht mehr gültig.
Für die Kalkulation patientenorientierter Fallpauschalen wird sie jedoch noch gebraucht.

Pflegestufen A1 bis A3
Pflegestufen S1 bis S3
Zuordnung täglich zwischen 12 und 20 Uhr

Allgemeine Pflege / Besondere Pflege	A1 Grundleistungen	A2 Erweiterte Leistungen	A3 Besondere Leistungen
S1 Grundleistungen	A1/S1	A2/S1	A3/S1
S2 Erweiterte Leistungen	A1/S2	A2/S2	A3/S2
S3 Besondere Leistungen	A1/S3	A2/S3	A3/S3

Als Pflegegrundwert werden je Patient und Tag 30 Minuten zugrunde gelegt.

Minutenwerte pro Patient und Tag

Patientengruppe	Minutenwert	Patientengruppe	Minutenwert	Patientengruppe	Minutenwert
A1/S1	52	A2/S1	98	A3/S1	179
A1/S2	62	A2/S2	108	A3/S2	189
A1/S3	88	A2/S3	134	A3/S3	215

Für jede Krankenhausaufnahme wird ein Fallwert von 70 Minuten zugrunde gelegt. Für jedes wegen des Krankenhausaufenthaltes der Mutter zu versorgende gesunde Neugeborene wird ein Wert von 110 Minuten je Tag zugrunde gelegt. Für die Kinderkrankenpflege gibt es eine andere Gruppierung und andere Minutenwerte.

Aufgabe der **Kostenträgerrechnung** ist es, die Einzelkosten dem Einzelfall, also dem Patienten direkt zuzuordnen und die Gemeinkosten zu verrechnen. Die Kostenstellen, die mit Einzelkosten belastet wurden, sind von diesen Einzelkosten zu entlasten. Auf den direkten Kostenstellen befinden sich dann nur noch DRG-relevante Gemeinkosten.

Die Einzelkostenzuordnung basiert auf den dokumentierten Ist-Verbrauch. Die Anlage 10 des **Kalkulationshandbuches** (Seite 250 uff.) enthält eine Artikelliste für die verbindliche Einzelkostenzuordnung. Zu den Einzelkosten gehören z.B. teure Medikamente (ab 300 € Kosten je Fall), Blutprodukte, Implantate, Transplantate, Herzkatheter, Röntgenkatheter u.a. Die direkt zugeordneten Artikel werden mit den Anschaffungspreisen (Bruttowerte) bewertet. Einzelheiten sind dem **Kalkulationshandbuch** Seite 105 ff. zu entnehmen.

Die fallbezogene Gemeinkostenzuordnung basiert auf einer **Bezugsgrößenkalkulation** (siehe Seite 102) Die Bezugsgrößen werden je Kostenart und Kostenstelle gebildet. Eine Übersicht ist diesem Buch auf Seite 124 beigefügt.

Man unterscheidet die

- ungewichtete Bezugsgrößenkalkulation von der
- gewichteten Bezugsgrößenkalkulation.

Bei der ungewichteten Bezugsgrößenkalkulation ist der Kalkulationssatz für jede erbrachte Leistung in der definierten Kostenstelle gleich hoch. Ein unterschiedlich hoher Ressourceneinsatz bei der Leistungserstellung bleibt unberücksichtigt.

Die folgenden Beispiele sind dem **Kalkulationshandbuch** entnommen. Sie wurden nur geringfügig geändert.

Beispiel ungewichtete Bezugsgrößenkalkulation (**Kalkulationshandbuch** Seite 123 f.)

In der Abteilung Innere Medizin wurden die Pflegetage dokumentiert.

Station	1	2	3
Januar	520	456	450
Februar	440	390	390
März	478	425	465
...	...	...	...
Summe Jahr	6.600	5.300	5.800

In der Kostenstelle 1 wurde 6.600 Leistungen (Pflegetage) im Jahr erbracht.
Die DRG-relevanten Kosten (Kostenartengruppe 8: Endoskopische Diagnostik/Therapie) betragen 170.000 €.

Kostensatz pro Pflegetag:

170.000 € Kosten : 6.600 Leistungen = 25,76 € je Pflegetag

Eine Patientin war 7 Tage in dieser Abteilung, sodass für den fallbezogenen Datensatz 25,76 × 7 = 180,32 € zuzuordnen sind.

Beispiel gewichtete Bezugsgrößenkalkulation (**Kalkulationshandbuch** Seite 120 uff.)

Abteilung Physikalische Therapie
Die erbrachten Leistungen in dieser Abteilung werden nach einem internen Punktesystem gewichtet.

Art der Leistung	Punkte je Leistung
Einzelgymnastik	30
Gruppengymnastik	8
Bäder	20
Bestrahlung	5

Die erbrachten Leistungen werden mit den Punkten gewichtet.

Art der Leistung	Zahl der Leistungen	Punkte je Leistung	gewichtete Leistungen
Einzelgymnastik	6.500	30	195.000
Gruppengymnastik	6.200	8	49.600
Bäder	1.850	20	77.000
Bestrahlung	950	5	4.750
	17.500		326.350

Die DRG-relevanten Kosten betragen 180.000 €.

Kostensatz pro gewichteter Leistung:

180.000 € Kosten : 326.350 gewichtete Leistungen = 0,55 € je Leistungspunkt

Eine Patientin erhielt an 6 Tagen eine Einzelgymnastik. Die Gesamtpunktzahl beträgt 6 × 30 = 180. 180 × 0,55 = 99 € Kostenzuordnung zum Einzelfall.

Um die Kostenträgerrechnung zu veranschaulichen, sollen Beispiele zur Berechnung der Kalkulationssätze und deren Einsatz bei der patientenbezogenen Kostenermittlung gezeigt werden. Da in vielen Fällen die Abwicklung ähnlich ist, müssen nicht alle Module dargestellt werden. Im Übrigen wird auf das **Kalkulationshandbuch** verwiesen.

Beispiele zur Berechnung von Kalkulationssätzen und der Berechnung der Kosten für den Einzelfall. (KoAGrp = Kostenartengruppe)

Kostenstellengruppe Normalstation (ungewichtete Bezugsgrößenkalkulation)

Insgesamt sind 9 Kostenartengruppen zu berücksichtigen.
Folgende Bezugsgrößen kommen zur Anwendung: Pflegetage, PPR-Minuten, Ist-Verbrauch bei der Einzelkostenzuordnung.

Die Personalkosten ärztlicher Dienst (KoAGrp 1), die Personalkosten des medizinisch-technischen Dienstes sowie des Funktionsdienstes (KoAGrp 3), die Personal- und Sachkosten medizinische Infrastruktur (KoAGrp 7) und die Personal- und Sachkosten nicht medizinische Infrastruktur (KoAGrp 8) werden nach Pflegetagen verrechnet.

Die Personalkosten Pflegedienst (KoAGrp 2), die Sachkosten Arzneimittel (sofern nicht Einzelkosten) (KoAGrp 4a) und die Sachkosten übriger medizinischer Bedarf (sofern nicht Einzelkosten) (KoAGrp 6a) werden nach PPR-Minuten verrechnet.

Abteilung	Chirurgische Normalstation mit 40 Betten			
Bezugsgröße	Pflegetage, PPR-Minuten			
Leistung 2011	13.500 Pflegetage 790.000 PPR-Minuten			
			Pflegetage 13.500	
Kostenarten-gruppe	Bezeichnung	Kosten	Berechnung Kostensatz	Kostensatz je Pflegetag
1	Personalkosten ärztlicher Dienst	284.000	284.000 : 13.500 =	21,03
3	Personalkosten med.-techn.Dienst/Funktionsdienst	100.000	100.000 : 13.500 =	7,41
7	Personalkosten u. Sachkosten med. Infrastruktur	20.000	20.000 : 13.500 =	1,48
8	Personalkosten u. Sachkosten nicht med. Infrastruktur	10.000	10.000 : 13.500 =	0,74

			PPR-Minuten 790.000	
2	Personalkosten Pflegedienst	384.000	384.000 : 790.000 =	0,49
4a	Sachkosten Arzneimittel	100.000	100.000 : 790.000 =	0,13
6a	Sachkosten übriger med. Bedarf	50.000	50.000 : 790.000 =	0,06

Die Kostenartengruppen 4b und 6b betreffen Einzelkosten.

Der Patient X, der 5 Tage in der chirurgischen Normalstation gelegen hat, für den 630 PPR-Minuten dokumentiert wurden, wird mit folgenden Kosten belastet (Einzelkosten mögen hier nicht angefallen sein):

Fall Patient X

Nr. der Kostenartengruppe mit Bezeichnung	Kosten-satz	Tage	PPR-Min.	Gesamt
1 Personalkosten ärztlicher Dienst	6,22	5		105,15
3 Personalkosten med.-techn.Dienst/Funktionsdienst	3,70	5		37,05
7 Personalkosten u. Sachkosten med. Infrastruktur	1,48	5		7,40
8 Personalkosten u. Sachkosten nicht med. Infrastruktur	0,74	5		3,70
2 Personalkosten Pflegedienst	0,49		630	308,70
4a Sachkosten Arzneimittel	0,13		630	81,90
6a Sachkosten übriger med. Bedarf	0,06		630	37,80
Summe				**581,70**

Kostenstellengruppe Intensivstation (gewichtete Bezugsgrößenkalkulation)

Für die Kostenartengruppen 1, 2, 3, 4a und 6a kommen gewichtete Intensivstunden als Bezugsgröße zur Anwendung. Für die Kostenartengruppen 7 und 8 werden die ungewichteten Intensivstunden bei der Kalkulation eingesetzt.
Die Kostenartengruppen 4b, 5 und 6b betreffen Einzelkosten, bei denen der Ist-Verbrauch mit den Anschaffungspreisen multipliziert wird.

Die Gewichtung der Intensivstunden ist abhängig von der Behandlungsintensität. Die Behandlungsintensität ist in drei Kategorien eingeteilt:

Behandlungs-intensität	Gewichtungs-faktor
Überwachung	0,6
Behandlung	1,0
Beatmung	1,7

Die Leistungsstatistik für die Intensivstation mit 15 Betten und einer Auslastung von 62 % zeigt 80.500 Intensivstunden. Die Aufteilung dieser Intensivstunden zeigt folgende Tabelle:

Behandlungs-intensität	Gewichtungs-faktor	ungewichtete Stunden	gewichtete Stunden
Überwachung	0,6	40.100	24.060
Behandlung	1,0	23.800	23.800
Beatmung	1,7	16.600	28.220
	Summe	80.500	76.080

Abteilung	Intensivstation mit 10 Betten			
Bezugsgröße	gewichtete und ungewichtete Intensivstunden			
Leistung 2011	80.500 ungewichtete Intensiv-stunden 76.080 gewichtete Intensiv-stunden			
			gewichtete Intensivstunden 76.080	
Kostenarten-gruppe	Bezeichnung	Kosten	Berechnung Kostensatz	Kostensatz je Pflegetag
1	Personalkosten ärztlicher Dienst	820.000	820.000 : 76.080 =	10,78
2	Personalkosten Pflegedienst	1.370.000	1.370.000: 76.080 =	18.01
3	Personalkosten med.-techn.Dienst/Funktionsdienst	350.000	350.000 : 76.080 =	4,60
4a	Sachkosten Arzneimittel	200.000	200.000 : 76.080 =	2,63
6a	Sachkosten übriger med. Bedarf	250.000	250.000 : 76.080 =	3,29

			ungewichtete Intensivstunden 80.500	
7	Personalkosten u. Sachkosten med. Infrastruktur	120.000	120.000 : 80.500 =	1,49
8	Personalkosten u. Sachkosten nicht med. Infrastruktur	10.000	10.000 : 80.500 =	0,12

Fall Patient X war 48 Stunden auf der Intensivstation.

Behandlungs-intensität	Gewichtungs-faktor	ungewichtete Stunden	gewichtete Stunden
Überwachung	0,6	33	19,8
Behandlung	1,0	12	12,0
Beatmung	1,7	3	5,1
	Summe	48	36,9

Fall Patient X

Nr. der Kostenartengruppe mit Bezeichnung	Kosten-satz	ungew. Std.	gew. Std.	Gesamt
1 Personalkosten ärztlicher Dienst	10,78		36,9	397,78
2 Personalkosten Pflegedienst	18,01		36,9	664,57
3 Personalkosten med.-techn.Dienst/Funktionsdienst	4,60		36,9	169,74
4a Sachkosten Arzneimittel	2,63		36,9	97,05
6a Sachkosten übriger med. Bedarf	3,29		36,9	121,40
7 Personalkosten u. Sachkosten med. Infrastruktur	1,49	48		71,52
8 Personalkosten u. Sachkosten nicht med. Infrastruktur	0,12	48		5,76
Summe				**1.527,82**

Kostenstellengruppe OP-Bereich (gewichtete Bezugsgrößenkalkulation)

Als Bezugsgrößen kommen für den OP-Bereich für die Verteilung der Gemeinkosten infrage:

- **S-N-Zeit** (Schnitt-Naht-Zeit)
  Schnitt-Naht-Zeit ist die Zeitspanne vom ersten Hautschnitt bis zur letzten Hautnaht

- **GZF** (= Gleichzeitigkeitsfaktor)
  Gleichzeitigkeitsfaktor berücksichtigt Mehrfachbesetzungen
  Beispiel: an einer OP sind 2 Ärzte gleich lang beteiligt GZF = 2; ist ein Arzt nur zur Hälfte der Zeit anwesend, dann ist der GZF = 1,5

- **HLM-Zeit** (= Herz-Lungen-Maschine)
  HLM-Zeit ist die Zeitspanne, an der der Patient an der Herz-Lungen-Maschine angeschlossen ist

- **Rüstzeit**
  Rüstzeit ist die Zeitspanne, die für die Vorbereitung und Nachbereitung einer Operation erforderlich ist. Die Rüstzeit ist auch abhängig von der Dienstart. Rüstzeit für den ärztlichen Dienst = 30 Minuten. Rüstzeit für den Funktionsdienst und medizinisch-technischen Dienst = 45 Minuten.

Abteilung	OP-Bereich			
Bezugsgröße	S-N-Zeit, GZF, HLM-Zeit, Rüstzeit			
Leistung 2011	S-N-Zeit+GZF+Rüstzeit = 150.000 Minuten S-N-Zeit+Rüstzeit = 80.000 Minuten			
			S-N-Zeit+GZF+ Rüstzeit = 150.000	
Kostenarten-gruppe	Bezeichnung	Kosten	Berechnung Kostensatz	Kostensatz je Pflegetag
1	Personalkosten ärztlicher Dienst	189.000	189.000 : 150.000 =	1,26
3	Personalkosten med.-techn.Dienst/Funktionsdienst	140.000	140.000 : 150.000 =	0,93
			S-N-Zeit+ Rüstzeit = 80.000	
4a	Sachkosten Arzneimittel	100.000	100.000 : 80.000 =	1,25
6a	Sachkosten übriger med. Bedarf	150.000	150.000 : 80.000 =	1,88
7	Personalkosten u. Sachkosten med. Infrastruktur	80.000	80.000 : 80.000 =	1,00
8	Personalkosten u. Sachkosten nicht med. Infrastruktur	10.000	10.000 : 80.000 =	0,13

Der Patient X wurde operiert.

Leistungsdaten:

Ärztlicher Dienst

S-N-Zeit 60 Minuten
Arzt 1: GZF 1
Arzt 2: GZF 0,75
Leistungszeit: 60 + 60 × 0,75 = 105 Minuten
+ Rüstzeit 30 Minuten
Gesamtzeit A: 135 Minuten

Funktionsdienst

S-N-Zeit 60 Minuten
2 Personen mit GZF jeweils 1
Leistungszeit 60 + 60 = 120 Minuten
+ Rüstzeit 45 Minuten
Gesamtzeit B: 165 Minuten

Fall Patient X

Nr. der Kostenartengruppe mit Bezeichnung	Kosten-satz	Zeit A	Zeit B	Gesamt
1 Personalkosten ärztlicher Dienst	1,26	135		170,10
3 Personalkosten med.-techn.Dienst/Funktionsdienst	0,93	135		125,55
4a Sachkosten Arzneimittel	1,25		165	206,25
6a Sachkosten übriger med. Bedarf	1,88		165	310,20
7 Personalkosten u. Sachkosten med. Infrastruktur	1,00		165	165,00
8 Personalkosten u. Sachkosten nicht med. Infrastruktur	0,13		165	21,45
Summe				**998,50**

Kostenstellengruppe Anästhesie

Bezugsgrößen für die Gemeinkostenzurechnung sind:
Anästhesiologiezeit: Übernahme/Übergabe des Patienten einschl. Rüstzeit
Gleichzeitigkeitsfaktor GZF = 1)

Abteilung	Anästhesie			
Bezugsgröße	Anästhesiologiezeit einschl. Rüstzeit 140.000 Minuten GZF (standardisiert auf 1)			
Leistung 2011				
			Anästhesiologiezeit GZF 140.000 Min.	
Kostenarten-gruppe	Bezeichnung	Kosten	Berechnung Kostensatz	Kostensatz je Pflegetag
1	Personalkosten ärztlicher Dienst	154.000	154.000 : 140.000 =	1,10
3	Personalkosten med.-techn.Dienst/Funktionsdienst	107.000	107.000 : 140.000 =	0,76
4a	Sachkosten Arzneimittel	60.000	60.000 : 140.000 =	0,43
6a	Sachkosten übriger med. Bedarf	50.000	50.000 : 140.000 =	0,36
7	Personalkosten u. Sachkosten med. Infrastruktur	80.000	80.000 : 140.000 =	0,57
8	Personalkosten u. Sachkosten nicht med. Infrastruktur	10.000	10.000 : 140.000 =	0,07

Fall Patient X

Nr. der Kostenartengruppe mit Bezeichnung	Kosten-satz	Zeit A Zeit B	Gesamt
1 Personalkosten ärztlicher Dienst	1,10	100	110,00
3 Personalkosten med.-techn.Dienst/Funktionsdienst	0,76	100	76,00
4a Sachkosten Arzneimittel	0,43	100	43,00
6a Sachkosten übriger med. Bedarf	0,36	100	36,00
7 Personalkosten u. Sachkosten med. Infrastruktur	0,57	100	57,00
8 Personalkosten u. Sachkosten nicht med. Infrastruktur	0,07	100	7,00
Summe			**329,00**

Wenn die Kostenträgerrechnung abgeschlossen ist, dann sind sämtliche DRG-relevanten Kosten den fallbezogenen Datensätzen zugeordnet.

Die Fallkosten sind für alle an der Kostenrechnung beteiligten Krankenhäuser nach einheitlichen Kostenarten- und Kostenstellengruppen gegliedert. Daraus entstehen die 99 Kostenmodule (siehe nächste Seite).

Ein Kostenmodul stellt die für eine Kostenstellengruppe ausgewiesenen Kosten einer bestimmten Kostenartengruppe dar.

Für jeden Patienten gibt es eine Modul-Matrix, die die Kosten nach den Kostenmodulen abbildet. Da jeder Patient einem bestimmten DRG-Fall zugeordnet ist, lassen sich die Kostenmodule aller gleichen DRG-Fälle addieren, um daraus einen Durchschnitt zu bilden. Das gilt für jedes Krankenhaus und für alle Krankenhäuser.

Setzt man den Durchschnittswert aller Fälle gleich 1, so lassen sich alle Fälle an diesem Durchschnittswert messen. Diese Werte stellen die relativen Kostengewichte dar (Relativgewicht).

Beispiel

Summe aller DRG-Kosten: 1.258.000.000 €
Anzahl aller DRG-Fälle: 680.000

1.258.000.000 : 680.000 = 1850 € pro Fall (Standardgröße)

Diese Standardgröße wird gleich 1 gesetzt.

Durchschnittskosten eines DRG D06B: 750 €
Durchschnittskosten eines DRG E03Z: 2.270 €

Berechnung der Relativgewichte:

DRG D06B: 750 : 1850 = 0,4054
DRG E03Z: 2.270 : 1850 = 1,2270

Kostenmodule zur Kalkulation von Fallpauschalen

(Quelle: **Kalkulationshandbuch**, Seite 189)

Kostenstellengruppen (11)		Kostenartengruppen (10): 1 Personalkosten Ärztlicher Dienst	2 Personalkosten Pflegedienst	3 Personalkosten med.-techn. Dienst/Funktionsdienst	4a Sachkosten Arzneimittel	4b Sachkosten Arzneimittel (Einzel-kosten / Istverbrauch)	5 Sachkosten Implantate und Transplantate	6a Sachkosten übriger med. Bedarf	6b Sachkosten übriger med. Bedarf (Einzelkosten / Istverbrauch)	7 Personal- und Sachkosten medizinische Infrastruktur	8 Personal- u. Sachkosten nicht medizinscher Infrastruktur
		Personalkosten			Sachkosten					Infrastruktur-kosten	
1 Normalstation	Bettenführende Bereiche	1.1	1.2	1.3	1.4a	1.4b	-	1.6a	1.6b	1.7	1.8
2 Intensivstation	Bettenführende Bereiche	2.1	2.2	2.3	2.4a	2.4b	2.5	2.6a	2.6b	2.7	2.8
3 Dialyseabteilung	Bettenführende Bereiche	3.1	3.2	3.3	3.4a	3.4b	-	3.6a	3.6b	3.7	3.8
4 OP-Bereich	Untersuchungs- und Behandlungsbereiche	4.1	-	4.3	4.4.a	4.4.b	4.5	4.6a	4.6b	4.7	4.8
5 Anästhesie	Untersuchungs- und Behandlungsbereiche	5.1	-	5.3	5.4a	5.4b	-	5.6a	5.6b	5.7	5.8
6 Kreißsaal	Untersuchungs- und Behandlungsbereiche	6.1	-	6.3	6.4a	6.4b	-	6.6a	6.6b	6.7	6.8
7 Kardiologische Diagn./Therapie	Untersuchungs- und Behandlungsbereiche	7.1	-	7.3	7.4a	7.4b	7.5	7.6a	7.6b	7.7	7.8
8 Endoskopische Diagn./Therapie	Untersuchungs- und Behandlungsbereiche	8.1	-	8.3	8.4a	8.4b	8.5	8.6a	8.6b	8.7	8.8
9 Radiologie	Untersuchungs- und Behandlungsbereiche	9.1	-	9.3	9.4a	9.4b	9.5	9.6a	9.6b	9.7	9.8
10 Laboratorien	Untersuchungs- und Behandlungsbereiche	10.1	-	10.3	10.4a	10.4b	10.5	10.6a	10.6b	10.7	10.8
11 Übrige diagn. und therap.Bereiche	Untersuchungs- und Behandlungsbereiche	11.1	11.2	11.3	11.4a	11.4b	11.5	11.6a	11.6b	11.7	11.8

5 Kalkulation im Einkauf (Bezugskalkulation)

Die Kalkulation im Einkauf behandelt vor allem die Frage nach dem **Bezugspreis**. Der Bezugspreis ist der Preis eines Gegenstandes bis zur Einlagerung oder Verwendung im eigenen Betrieb. Für den Einkauf von Leistungen ist es der Preis, der für die Inanspruchnahme einer Leistung zu zahlen ist. Der Bezugspreis ist vor allem bei einem Angebotsvergleich heranzuziehen.

Um zum Bezugspreis zu kommen, sind in der Regel folgende Tatsachen zu berücksichtigen:

	Listeneinkaufspreis
-	**Rabatt**
	Zieleinkaufspreis
-	**Skonto**
	Bareinkaufspreis
+	**Bezugskosten**
	Bezugspreis

Zu den Bezugskosten gehören z.B. die Verpackungskosten, die Transportkosten, die Versicherungskosten u.a.

Beispiel **Bezugskalkulation**

Folgendes Angebot liegt vor:

Listenpreis für einen Rollstuhl:.................................... 337,50 €
Verpackungskosten je Rollstuhl:..................................... 5,50 €
Frachtkosten je Rollstuhl: .... 7,50 €
Bei Abnahme von jeweils 5 und mehr Rollstühlen: ... 5 % Rabatt
Bei Zahlung innerhalb von 10 Tagen: .... 3 % Skonto
sonst 30 Tage netto Kasse

Wie hoch ist der Bezugspreis je Stuhl, wenn 7 Stühle gekauft werden und der Skonto ausgenutzt wird?

	Einkauf	Preis einschl. USt.
	Listeneinkaufspreis	337,50 €
-	5 % Rabatt	16,88 €
	Zieleinkaufspreis	320,62 €
-	3 % Skonto	9,62 €
	Bareinkaufspreis	311,00 €
+	Bezugskosten	13,00 €
	Bezugspreis	324,00 €

48. Aufgabe

a) Was versteht man unter einer Bezugskalkulation?

b) Was versteht man unter Bezugskosten?

49. Aufgabe

Berechnen Sie den Bezugspreis je Rollator für folgendes Angebot:
10 Rollatoren zum Listenpreis von je 86,00 €. Bei Abnahme von 5 Rollatoren 5 % Rabatt. Zahlungsbedingung: Zahlung innerhalb von 8 Tagen mit 3 % Skonto oder 20 Tage netto Kasse. Verpackung je Rollator: 5,80 €. Transportkosten: 150,00 €.

50. Aufgabe

a) Berechnen Sie den Bezugspreis je Schreibtisch für folgendes Angebot:
15 Schreibtische zum Listenpreis von je 480,00 €. Bei Abnahme von 10 Schreibtischen 7 % Rabatt. Zahlungsbedingung: Zahlung innerhalb von 8 Tagen mit 3 % Skonto oder 20 Tage netto Kasse. Verpackung je Schreibtisch: 3,80 €. Transportkosten: 250,00 €.

b) Welcher Jahresverzinsung entspricht die Skontoausnutzung?

c) Wie hoch wäre der Ertrag, wenn man für die Ausnutzung des Skontos einen Kontokorrentkredit mit 15 % Zinsen beanspruchen müsste?

51. Aufgabe

Angebot eines Büromöbelherstellers:
10 Schreibtische zum Listenpreis je Schreibtisch in Höhe von 510,00 €.
Keine Bezugskosten, kein Skonto.
Der Bezugspreis beträgt für 10 Schreibtische 4.692,00 €.

Berechnen Sie den Rabatt in %.

52. Aufgabe

Bringen Sie die nachstehenden Ausdrücke in die richtige Reihenfolge:

Bareinkaufspreis, Lieferantenskonti, Listeneinkaufspreis, Bezugskosten, Zieleinkaufspreis, Bezugspreis, Rabatt.

53. Aufgabe

Sie arbeiten im Einkauf. Auf Anfrage liegen Ihnen am 10. Juli 20.. qualitativ gleichwerte Angebote vor. Die Nachtschränke sollen in 3 Monaten geliefert werden. Die Preise sind alle einschließlich MwSt.

Inhalt	Lieferant A	Lieferant B	Lieferant C
Listenpreis	190,00 €	225,00 €	200,00 €
Rabatt	5 % ab 50 Stück	15 % ab 50 Stück	15 % ab 100 Stück
Beförderung	frei Haus	ab Werk Beförderungskosten 85,00 € für 50 Stück	frachtfrei, Entla-de-und Zustell-kosten 250,00 € für 100 Stück
Verpackung	keine	keine	180,00 € für 100 Stück
Lieferzeit	60 Tage	60 Tage	90 Tage
Zahlungsbedingungen	bei Zahlung innerhalb 10 Tagen 3 % Skonto	bei Zahlung innerhalb 2 Wochen 3 % Skonto	Zahlung innerhalb 30 Tagen ohne Abzug

Was kostet ein Nachtschrank bei Abnahme von 100 Stück?

6 Kosten- und Leistungsrechnung in Pflegeeinrichtungen

6.1 Einführung

Die Pflegeeinrichtungen verhandeln mit ihren Leistungsträgern (z.B. Pflegekassen und Sozialbehörden) die Vergütungen für ihre Leistungen. Um dabei zu vernünftigen Ergebnissen zu kommen, ist es notwendig, die Kosten für die erbrachten Leistungen zu kennen bzw. zu kalkulieren.

Grundsätzlich soll die Vergütung

- leistungsgerecht sein,
- einer Pflegeeinrichtung bei wirtschaftlicher Betriebsführung ermöglichen, ihren Versorgungsauftrag zu erfüllen,
- für einen zukünftigen Zeitraum gelten.

Leistungsgerechte Vergütung meint, dass die Bezahlung so hoch sein muss, dass eine Pflegeeinrichtung damit ihren Versorgungsauftrag erfüllen kann. Verlangt wird, dass das bei wirtschaftlicher Betriebsführung zu geschehen hat.

Diese Aussagen sind in ihrer Absicht klar, lassen sich allerdings in der Praxis nicht leicht umsetzen. Um aber deutlicher und konkreter zu werden, ist eine Kalkulation notwendig. Das schreibt der Gesetzgeber auch vor.

Nach § 7 PBV dient die Kosten- und Leistungsrechnung der

- betriebsinternen Steuerung,
- Beurteilung der Wirtschaftlichkeit und Leistungsfähigkeit,
- Ermittlung und Abgrenzung der Kosten der jeweiligen Betriebszweige und
- Erstellung der Leistungsnachweise nach den Vorschriften des 8. Kapitels des SGB XI.

Der Gesetzgeber nennt darüber hinaus noch Mindestanforderungen, die bei der Kosten- und Leistungsrechnung zu beachten sind:

- Bildung von Kostenstellen (Anlage 5 PBV)
- Kosten sind aus der Buchführung nachprüfbar herzuleiten
- Kosten und Leistungen sind verursachungsgerecht nach Kostenstellen zu erfassen
- Kosten und Leistungen sind verursachungsgerecht den Kostenträgern zuzuordnen (Anlage 6 PBV)
- Bei gemischten Einrichtungen nach § 4 Abs. 2 oder 3 PBV muss eine verursachungsgerechte Abgrenzung der Kosten und Erträge mit anteiliger Zuordnung auf die verschiedenen Einrichtungen erfolgen

Auch dieser Paragraph zeigt keine konkrete Lösung. Damit ist lediglich der Rahmen der Kosten- und Leistungsrechnung für Pflegeeinrichtungen abgesteckt.

Die Kosten sind aus der Buchhaltung nachprüfbar herzuleiten. Für die Kostenrechnung bedeutet das, dass sie in die Buchhaltung einzuschließen ist und dass sie sich nach den Grundsätzen ordnungsmäßiger Buchhaltung nachvollziehen bzw. kontrollieren lässt. Ferner handelt es sich um eine Vollkostenrechnung, da alle Kosten und Leistungen verursachungsgerecht auf die Kostenstellen bzw. **Kostenträger**[33] zu verteilen sind.

Der Gesetzgeber unterscheidet in der PBV grundsätzlich zwei Typen von Pflegeeinrichtungen:

- Einrichtungen, die nur Leistungen im Sinne des SGB XI erbringen und
- „**gemischte Einrichtungen**“, die auch andere Leistungen erbringen. In der Praxis kommen überwiegend „gemischte Einrichtungen“ vor.

[33] Siehe Fußnote 2, Seite 14

Beispiel einer gemischten Einrichtung

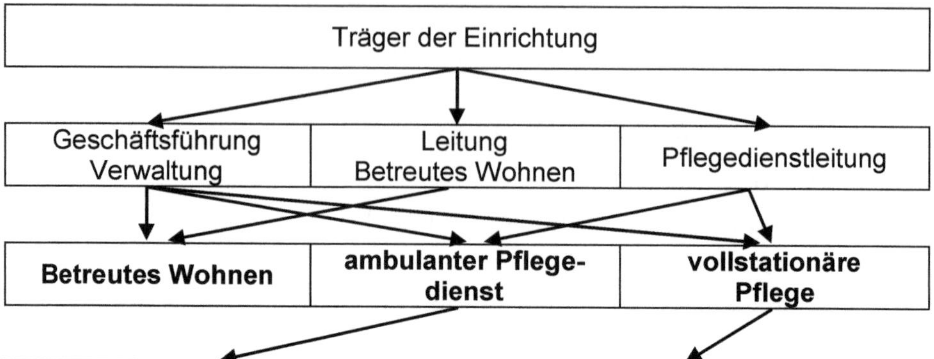

Kostenstellen, gegliedert nach Leistungsbereichen (= Finanzierungsbereichen)	Kostenstellen
Leistungen nach SGB V (Krankenkassen)	Allgemeine Pflegeleistungen einschl. behandlungspflegerische Leistungen sowie soziale Betreuung
Leistungen nach SGB XII (Sozialamt)	Unterkunft
Leistungen nach SGB XI (Pflegekassen)	Verpflegung
Leistungen an Privatzahler	Zusatzleistungen
	Investitionskosten

Bei den „gemischten Einrichtungen“ ergeben sich vor allem Probleme bei der Abgrenzung der Kosten, weil diese Einrichtungen nicht nur Leistungen nach SGB XI (Pflegekassen) erbringen, sondern z.B. auch Leistungen nach SGB V (Krankenkassen) und nach SGB XII (Sozialhilfeträger) sowie Leistungen, die der zu Pflegende selber bezahlt, weil er dafür keinen gesetzlichen Leistungsanspruch hat bzw. es keinen gesetzlichen Leistungsanspruch gibt.

Da die Kosten aus der Buchführung nachprüfbar herzuleiten sind und weil bei gemischten Einrichtungen eine verursachungsgerechte Abgrenzung der Kosten und Erträge mit anteiliger Zuordnung auf die verschiedenen Einrichtungen erfolgen soll, stellt sich bei gemischten Einrichtungen die Frage, wie der notwendige Jahresabschluss verwirklicht werden kann. Es gibt zwei Möglichkeiten: (§ 4 Abs. 3 PBV)

1. Teil-Jahresabschluss (Jahresabschluss beschränkt auf die Leistungen nach SGB XI)
2. Unter Verwendung der Anlagen 3a (Anlagennachweis) und 3b (Fördernachweis) Erträge und Aufwendungen in einer nach Anlage 2 der PBV gegliederten Teil-Gewinn- und Verlustrechnung so zusammen-zufassen, dass sie von den anderen Leistungsbereichen der Einrichtung getrennt sind

Bei dem hier genannten Beispiel einer gemischten Einrichtung ist von folgender Voraussetzung auszugehen: Die Geschäftsvorfälle der drei Bereiche werden jeweils in einem gesonderten Buchungskreis erfasst. Die Vorfälle, die mehr als nur einen Bereich betreffen, müssen entsprechend verrechnet werden.

Beispiele für eine notwendige Verrechnung sind:

> Die Kosten der Geschäftsleitung und der Verwaltung sind entsprechend zu verteilen. Das gilt auch für das Gehalt des Hausmeisters. Die Küche arbeitet sowohl für die Bewohner des betreuten Wohnens als auch für die in der stationären Pflege zu Betreuenden. Folglich sind die Kosten entsprechend zu verteilen. Ähnliche Überlegungen sind für die Kosten der Gebäude anzustellen. Das Gehalt der Pflegedienstleitung ist auf den ambulanten Pflegedienst und der stationären Pflege aufzuteilen.

Ausgangspunkt der Kosten- und Leistungsrechnung ist der für jeden Bereich testierte Jahresabschluss.

Die Kostenartenrechnung ist grundsätzlich durch die Vorschriften der Buchhaltung gegeben. In den Kontenklassen 4 und 5 werden die Erträge (Leistungen) und in den Kontenklassen 6 und 7 die Kosten erfasst. Die Aufwendungen, die nicht Kosten sind (z.B. Neutrale Aufwendungen), sind entsprechend abzugrenzen.

Bei der Erfassung der Kosten in der Finanzbuchhaltung wird man zweckmäßigerweise für die Kostenstellenrechnung die Zuordnung zu bestimmten Kostenstellen festlegen müssen. Dabei gibt es grundsätzlich drei Möglichkeiten:

- Kosten lassen sich bestimmten Kostenstellen direkt zuordnen (Kostenstelleneinzelkosten)
- Kosten lassen sich nur über eine Verschlüsselung den Kostenstellen zuordnen (Kostenstellengemeinkosten)

- Kosten werden zunächst auf Allgemeine Kostenstellen (Hilfskosten-stellen, Vorkostenstellen) gebucht, um später (im Rahmen der innerbetrieblichen Leistungsverrechnung) auf die Hauptkostenstellen verteilt zu werden

54. Aufgabe

Wenn der Betrieb, in dem Sie arbeiten, eine gemischte Einrichtung im Sinne der PBV ist, dann beschreiben Sie den Aufbau (die Struktur) Ihres Betriebes. Beschreiben Sie auch, wie die Kosten- und Leistungsrechnung in Ihrem Betrieb aufgebaut ist.

55. Aufgabe

Beschreiben Sie, mit welchen Problemen gemischte Einrichtungen im Hinblick auf die Kosten- und Leistungsrechnung zu tun haben.

6.2 Kosten- und Leistungsrechnung in ambulanten Pflegeeinrichtungen

Will man die in der ambulanten Pflege üblichen Leistungskomplexe kalkulieren und handelt es sich um eine „gemischte Einrichtung“, so wird man zunächst die für den Bereich ambulante Pflege angefallenen Kosten ermitteln. Vom obigen Beispiel ausgehend wird man die GuV des Jahresabschlusses „ambulante Pflege“ heranziehen.

Diese GuV ist nun Grundlage für alle weiteren Schritte. Aufwendungen, die nicht Kosten sind, sind abzugrenzen. Die nicht abgegrenzten Aufwendungen sind Kosten. Die in der Buchhaltung erfassten Aufwendungen und auf Kostenstellen gebuchten Kosten sind abzustimmen und bei Unstimmigkeiten entsprechende Korrekturbuchungen vorzunehmen.

Will man die Wirtschaftlichkeit des ambulanten Dienstes ermitteln, so wird man die Erträge (Leistungen) und die Kosten gegenüberstellen müssen. Dafür eignet sich der Betriebsabrechnungsbogen (BAB).

Die **Kostenartenrechnung** hat alle im Laufe eines Jahres anfallenden Kosten zu erfassen und zu gliedern. Für den ambulanten Pflegedienst wird man die erfassten Kosten gliedern in

- Personalkosten,
- Sachkosten und
- Umlagekosten (bei gemischten Einrichtungen)

Diese genannten Kostengruppen sind je nach Ziel der Kostenrechnung weiter zu differenzieren.

Da die Personalkosten ca. 70-80 % der gesamten Kosten eines ambulanten Pflegedienstes ausmachen, wird man sich mit dieser Kostengruppe eingehender beschäftigen müssen. Das beginnt mit einer differenzierten Erfassung und Darstellung der Personalkosten.

Die Sachkosten machen etwa 20-30 % der Gesamtkosten aus. Die Gliederung ergibt sich aus der Gliederung der Finanzbuchführung (Kontenklasse 6 und 7 der PBV).

Für die **Kostenstellenrechnung** sind folgende Überlegungen anzustellen:

Da es in der Praxis nur schwer möglich ist, alle Kosten stellengerecht zu buchen, wird man mit Vorkostenstellen (Sammelkostenstellen) arbeiten müssen, die dann die Grundlage für eine Verteilung der Kosten auf die Hauptkostenstellen sind. Die Vorkostenstellen übernehmen die Kosten der Kostenarten aus der Finanzbuchhaltung. Die Verteilung erfolgt später manuell.

Vorkostenstellen sind:

- Leitung und Verwaltung
- Investitionskosten
- Fuhrpark
- Examinierte Pflegekräfte
- Hilfskräfte

Die Hauptkostenstellen sind die Leistungsbereiche.

Hierzu gehören:

- Leistungen nach dem SGB XI
- Leistungen nach dem SGB V
- Leistungen nach dem SGB XII
- Sonstige Leistungen

Mit dem Betriebsabrechnungsbogen (**BAB**) lassen sich die Erlöse (Erträge/Leistungen) und Kosten des Betriebes nach Kostenstellen gegliedert darstellen und verteilen. Im Ergebnis sind alle Erlöse (Erträge/Leistungen) und Kosten den Hauptkostenstellen zugeordnet.

Vereinfachtes Schema eines BABs:

Kostenstellen / Erträge/Kosten	Gesamt	Vorkosten-stellen		Hauptkostenstellen			
		V 1	V 2	H 1	H 2	H 3	H 4
A. Erträge							
...							
Summe Erträge							
B. Kosten							
Personalkosten							
...							
Sachkosten							
...							
Summe der Kosten							
C. Verteilung der Kosten (V an H)							
D. Ergebnis (Summe Erträge – Summe Kosten)		---	---				

Je nach Verwendung des BABs wird man den BAB gliedern. Will man z.B. alle Erträge und Aufwendungen laut GuV in den BAB übernehmen, so wird man mindestens noch eine Kostenstelle einrichten, um den Leistungsbereich, der mit dem eigentlichen Betriebszweck nichts zu tun hat, abzugrenzen. Diesen Bereich bezeichnet man häufig als „**Abgrenzungskostenstelle**". In diesem Bereich werden vor allem die neutralen Aufwendungen und Erträge erfasst.

Die Struktur eines BABs ist vor allem abhängig von der Struktur des Betriebes und den Verrechnungsmöglichkeiten. Nicht unerheblich ist auch die Tatsache, wie die Aufwendungen und Erträge in der Buchhaltung erfasst wurden. Kann man z.B. den Aufwendungen und Erträgen beim Erfassen in der Buchhaltung schon eindeutig eine Hauptkostenstelle zuordnen oder muss man den Betrag in eine Sammelkostenstelle buchen.

In jedem Falle sind die Zahlen im BAB aus der Buchführung nachprüfbar herzuleiten.

Für die Umlage bzw. Verrechnung der Kosten ist in einigen Fällen eine differenziertere Einteilung der Kostenarten zweckmäßig. Z.B. wird man die Gruppe Steuern, Abgaben, Versicherungen trennen und zum Teil noch weiter untergliedern in z.B. Steuern und Versicherungen für die Fahrzeuge. Auch Abschreibungen lassen sich noch weiter gliedern. Bei der Erfassung der Aufwendung bzw. Kosten wird man eine eindeutige und differenzierte Zuordnung der zu buchenden Beträge vornehmen müssen. Generell gilt, dass je differenzierte die Kostenarten und die Kostenstellen dargestellt sind, desto einfacher lassen sich die Kosten den entsprechenden Kostenstellen zuordnen.

56. Aufgabe

a) Beschreiben Sie den Aufbau eines BAB.
b) Wodurch unterscheiden sich Vorkostenstellen von Hauptkostenstellen.
c) Was versteht man unter einer Abgrenzungskostenstelle?

Das nachfolgende Beispiel ist bewusst vereinfacht. Ferner soll anhand dieses Beispiels die Verteilung der Kosten auf die Hauptkostenstellen dargestellt werden.

Alle Zahlen aus der GuV wurden im Vorwege von den neutralen Aufwendungen und Erträgen bereinigt, so dass nur die Zahlen für den eigentlichen Betriebszweck eines ambulanten Pflegedienstes dargestellt werden.

Die in der Tabelle aufgeführten Erträge und Kosten sind von Erträgen und Aufwendungen, die nicht direkt zum ambulanten Dienst gehören, entlastet.

Der folgende BAB ist wegen der Größe auf 2 Seiten dargestellt.

Die Seite 1 zeigt im oberen Bereich die Erträge, die nach SGB XI, SGB V und SGB XII getrennt dargestellt sind. Die Erträge aus Investitionskosten betreffen nur die Hauptkostenstelle SGB XI. Die Fahrkostenpauschale wurde nach der Anzahl der Einsätze auf die Hauptkostenstellen umgelegt.

Die Kosten für die Vorkosten- und Hauptkostenstellen sind Stelleneinzelkosten, sodass noch keine Verrechnungen und Umlagen stattgefunden haben. Die Summe der Kosten ist zu übertragen auf die Seite 2 des BAB.

BAB, Seite 1

BAB – Seite 1		Vorkostenstellen					Hauptkostenstellen		
Erträge/Kosten	Gesamt	Leitung Verwaltung	Investitionskosten	Fuhrpark	Examinierte Pflegekräfte	Sonstige Pflegekräfte	SGB XI	SGB V	SGB XII
Erträge aus Pflegeleistungen	1.851.759						1.291.759	290.000	270.000
Erträge Investitionskosten SGB XI	33.200						33.200	0	0
Fahrkostenpauschale	134.539			134.539					
Umlage Fahrtkostenpauschale				-134.539			97.768	17.304	19.467
Summe Erträge	2.019.498			0			1.422.727	307.304	289.467
Personalkosten	1.542.300	97.900		98.000	783.400	563.000			
Wasser, Energie, Brennstoffe	16.000	16.000							
Pflegehilfsmittel	7.000						3.000	4.000	
Bezogene Leistungen	5.600						3.000	2.600	
Kfz-Betriebskosten (ohne Steuern)	31.000			31.000					
Verwaltungsbedarf	180.000	180.000							
Aufwendungen für zentrale Dienste	7.900	7.900							
Steuern	6.200	2.200		4.000					
Versicherungen	18.800	5.400		13.400					
Mieten	34.000		34.000						
Abschreibungen Anlagevermögen	110.000		110.000						
Instandhaltungen	32.500		32.500						
Summe der Kosten (Übertrag auf S. 2)	1.991.300	309.400	176.500	146.400	783.400	563.000	6.000	6.600	0

Anmerkungen zum BAB, Seite 2:

Für die Abrechnung mit den Leistungsträgern (Pflegekasse usw.) müssen die Leistungen im Einzelnen erfasst werden. Für jeden Kunden werden die Hausbesuche und die erbrachten Leistungen erfasst. Das gilt für die Leistungen nach SGB XI (Leistungskomplexe) und für die Leistungen nach SGB V, sodass man einen differenzierten Nachweis der erbrachten Leistungen hat.

Zunächst geht es aber darum, die Kosten der Vorkostenstellen auf die Hauptkostenstellen zu verteilen. Hierzu wurden folgende Verteilungsschlüssel genommen:

Umlage Investitionskosten
Schlüssel: Anzahl der Einsätze

Umlage Fuhrparkkosten
Schlüssel: Anzahl der Einsätze

Umlage examinierte Pflegekräfte und Umlage sonstige Pflegekräfte
Schlüssel: Anzahl der Leistungsstunden

Aufteilung der Einsätze und Leistungsstunden

Art	Summe	SGB XI	SGB V	SGB VII
Einsätze	62.200	45.200	8.000	9.000
Leistungsstunden	86.400	64.800	10.000	11.600

Umlage Leitung/Verwaltung
Hier: Schätzung

Nach Umlage aller Kosten stellt sich heraus, dass der Bereich SGB XI mit einem Verlust (Betriebsergebnis – 44.920 €) arbeitet. Erst die positiven Ergebnisse der Bereiche SGB V und SGB XII führen zu einem Gesamtergebnis von +28.198 €.

BAB, Seite 2

BAB – Seite 2		Vorkostenstellen					Hauptkostenstellen		
Erträge/Kosten	Gesamt	Leitung Verwaltung	Investitionskosten	Fuhrpark	Examinierte Pflegekräfte	Sonstige Pflegekräfte	**SGB XI**	SGB V	SGB XII
Übertrag Summe der Kosten	1.991.300	309.400	176.500	146.400	783.400	563.000	6.000	6.600	0
Umlage Leitung/Verwaltung		-309.400					217.200	53.800	38.400
Umlage Investitionskosten			-176.500				128.260	22.701	25.539
Umlage Fuhrparkkosten				-146.400			106.387	18.830	21.183
Umlage examinierte Pflegekräfte					-783.400		587.550	90.671	105.179
Umlage sonstige Pflegekräfte						-563.000	422.250	65.162	75.588
Summe Kosten nach Umlage	1.991.300	0	0	0	0	0	1.467.647	257.764	265.889
Betriebliche Erträge (von Seite 1)	2.019.498						1.422.727	307.304	289.467
Kosten	1.991.300						1.467.647	257.764	265.889
Betriebsergebnis	28.198						**-44.920**	49.540	23.578

Eine weitere Differenzierung betrifft die Pflegestufen.

	Stufe 1	Stufe 2	Stufe 3	Stufe 3+	Gesamt
Leistungsstunden	13.700	25.300	16.800	9.000	64.800
Erträge aus Pflegeleistungen	282.366	507.677	301.260	200.456	1.291.759
Kosten *)	260.681	481.403	319.667	171.250	1.233.000
Überschuss	**21.685**	**26.274**	**-18.407**	**29.206**	**58.759**
Erträge Investitionskosten					+33.200
Erträge Fahrkosten					+97.768
Investitionskosten					-128.260
Fuhrparkkosten					-106.387
Differenz					-103.679
Ergebnis SGB XI	Überschuss (58.759) + Differenz (-103.679) =				**-44.920**

*) ohne Investitionskosten und Fuhrparkkosten

Berechnung der Investitionskosten
128.260 € : 45.200 Einsätze = 2,84 € pro Einsatz

Berechnung der Fuhrparkkosten
106.387 € : 45.200 Einsätze = 2,35 € pro Einsatz

Hier wird deutlich, dass der eigentliche Verlust in diesem Beispiel im Bereich SGB XI durch zu niedrige Entgelte bei den Investitionskosten und den Fuhrparkkosten begründet ist.

Kostenträgerrechnung

Die Werte aus der Spalte SGB XI sind die Grundlage für die Kalkulation der Leistungskomplexe. Die Verteilungsschlüssel, die zu verwenden sind, sind die Anzahl der Leistungen (A) und die mit den Punkten der Leistungen gewichtete Anzahl (P). Die Investitionskosten und die Wegepauschale werden gesondert berechnet. Kostenträger sind die **Leistungskomplexe**.

Leistungskomplex (Hamburg – Juli 2010) - vereinfacht -	Anzahl	Punkte	Gesamtpunkte
(1)	(2)	(3)	(4)
1 Kleine Morgen-/Abendtoilette	16.445	250	4.111.250
2 wie 1, jedoch ohne Hilfe beim Aufstehen u. verlassen d. Bettes	0	200	0
3 Große Morgen-/Abendtoilette	10.575	450	4.758.750
4 wie 3, jedoch ohne Hilfe beim Aufstehen u. verlassen d. Bettes	0	400	0
5 Lagern/Betten	31.980	100	3.198.000
6 Hilfe bei der Nahrungsaufnahme	14.660	250	3.665.000
7 Sondenkost bei implantierter Magensonde	1.095	200	219.000
8a Darm-/Blasenentleerung	10.200	50	510.000
8b Darm-/Blasenentleerung	14.490	150	2.173.500
9 Hilfestellung beim Verlassen und Wieder-aufsuchen der Wohnung	6.450	100	645.000
10 wie 9, jedoch mit Begleitung	2.000	600	1.200.000
11 Beheizen der Wohnung (Ofenheizung)	506	100	50.600
12 Reinigung der Wohnung	5.660	500	2.830.000
13 Wechseln u. Waschen der Wäsche u. Kleidung	4.965	400	1.986.000
13a Wechseln der Wäsche	13.260	60	795.600
14a Einkaufen/Vorratseinkauf	2.860	350	1.001.000
14b Einkaufen bis zu 3 Teile	0	60	0
15a Zubereitung einer warmen Mahlzeit	11.745	270	3.171.150
15b Zubereitung einer warmen Mahlzeit	0	350	0
16 Zubereitung einer sonstigen Mahlzeit	11.745	80	939.600
17 Erstbesuch	22	700	15.400
Gesamtpunkte Summe			31.269.850
18 Wegepauschale je Hausbesuch			2,06 €
19 Zuschläge Wochenende/Feiertage			10 %
Investitionskostenzuschlag 1 x tgl.			0,97 €

$$\frac{\text{Summe Kosten ohne Investitions- und Fuhrparkkosten}}{\text{Summe Gesamtpunkte}} = \text{Kosten pro Punkt und Leistungseinheit}$$

$$\frac{1.233.000}{31.269.850} = 0{,}0394$$

Vergütet wurden 0,0413 € je Punkt,	
also insgesamt (gerundet)	1.291.445[34]
Kosten hierfür	1.233.000[35]
Überschuss	58.445

Schlussbemerkung

Die eigentlichen Pflegeleistungen wurden in diesem Beispiel so vergütet, dass kein Verlust entstanden ist. Die Bezahlung der Leistungskomplexe kann als angemessen bezeichnet werden.

Der im Beispiel ermittelte individuelle Punktwert gibt keine Auskunft darüber, ob die Vergütungen der Leistungskomplexe im Einzelnen nach ökonomischen Gesichtspunkten zu niedrig, zu hoch oder angemessen sind. Man kann in diesem Falle nicht wirklich von einer Kostenträgerrechnung sprechen.

Man kann mit dem individuellen Punktwert lediglich feststellen, ob der ambulante Pflegedienst insgesamt finanziell zurechtkommt.[36]

Will man die Leistungskomplexe im Einzelnen kalkulieren, so müsste man den Arbeitsaufwand pro Leistungskomplex festhalten, um daraus die Kosten pro Leistungskomplex zu ermitteln.

Ob das genannte Punktesystem als eine Art System von Äquivalenzziffern zu sehen ist, das den Arbeitsaufwand je Leistungskomplex spiegelt, soll nicht beurteilt werden.[37] Selbst wenn jeder Pflegedienst den Zeitaufwand pro Leistungs-

[34] Abweichung zu den Erträgen aus Pflegeleistungen im BAB ist auf die Rundungen bei den einzelnen Abrechnungen (je Monat und Kunden) zurückzuführen.
[35] Ohne Investitions- und Fuhrparkkosten
[36] Vgl. auch Bodo Beuchel, „Auf den Punkt gebracht“, in Häusliche Pflege, Ausgabe 05/1998, Seite 23 und Wilfried Brexel, „Punktgenaue Landung“, in Häusliche Pflege, Ausgabe 09/1998, Seite 2
[37] In der Praxis gilt häufig: für die Grundpflege: 10 Punkte = 1 Minute; für die Hauswirtschaft: 6 Punkte = 1 Minute.

komplex erfassen würde, müsste man mit Durchschnittswerten rechnen, um daraus ein für den Pflegedienst repräsentatives Punktesystem zu erstellen. Die ständige Erfassung des Zeitaufwands je Leistungskomplex und Kunden wäre viel zu aufwendig und wahrscheinlich für einen Pflegedienst nicht zumutbar durchzuführen.

Der Verlust in dem Bereich SGB XI ergibt sich hier vor allem aus der zu niedrig angesetzten Bezahlung von Investitionskosten; die Fuhrparkkosten wurden nur zum Teil durch die Fahrzeugpauschalen gedeckt.

Will man diese Verlustquellen in Zukunft bei gleicher Struktur beseitigen, dann müssten die Fuhrparkkosten pro Einsatz auf 2,35 € (106.387 : 45.200) und die Investitionskosten (128.260 : 45.200) pro Einsatz auf 2,84 € erhöht werden.

57. Aufgabe

	Gesamt	Leitung Verwaltung	Investitionskosten	Fuhrpark-kosten	SGB XI	SGB V	SGB XII
	(1)	(2)	(3)	(4)	(5)	(6)	(7)
Personalkosten	2.350.000	330.000	---	140.000			
Sachkosten	720.000	200.000	340.000	180.000			
Summe							
Umlage (1)							
Umlage (2)							
Umlage (3)							
Umlage (4)							
Summe	3.070.000	0	0	0			

Umlage (1) Personalkosten nach Leistungsstunden
SGB XI: 120.000, SGB V: 22.000, SGB XII: 25.000
Umlage (2) Leitung und Verwaltung
SGB XI 50 %, SGB V 30 %, SGB XII 20 %
Umlage (3) Investitionskosten und Umlage (4) Fuhrparkkosten jeweils nach der Anzahl der Einsätze: SGB XI: 90.000, SGB V: 16.000, SGB XII: 20.000
Alle Ergebnisse der Tabelle sind ganzzahlig zu runden.

6.3 Kosten- und Leistungsrechnung in stationären Pflegeeinrichtungen

Finanzierungsrahmen nach SGB XI

Zugelassene vollstationäre Pflegeeinrichtungen sollen eine leistungsgerechte Vergütung für die allgemeinen Pflegeleistungen (Pflegevergütung) sowie ein angemessenes Entgelt für Unterkunft und Verpflegung erhalten.

Die Pflegevergütung ist von dem Pflegebedürftigen und dessen **Leistungsträger** (z.B. Pflegekasse) zu tragen. Sie umfasst auch die soziale Betreuung und, soweit kein Anspruch auf Krankenpflege nach § 37 SGB V besteht, die medizinische Behandlungspflege. Für Unterkunft und Verpflegung bei stationärer Pflege hat der Pflegebedürftige selbst aufzukommen.

In der Pflegevergütung und in den Entgelten für Unterkunft und Verpflegung dürfen keine Aufwendungen berücksichtigt werden für Investitionskosten. Soweit betriebsnotwendige Investitionsaufwendungen durch öffentliche Förderung gemäß § 9 SGB XI nicht vollständig gedeckt sind, kann die Pflegeeinrichtung diesen Teil der Aufwendungen den Pflegebedürftigen gesondert berechnen. Die gesonderte Berechnung bedarf der Zustimmung der zuständigen Landesbehörde.

Pflegesätze

Pflegesätze sind die Entgelte der Bewohner und ihrer Leistungsträger (z.B. Pflegekassen) für die teil- oder vollstationären Pflegeleistungen der Pflegeeinrichtung sowie für die soziale Betreuung und, soweit kein Anspruch auf Krankenpflege nach § 37 SGB V besteht, für die medizinische Behandlungspflege.

Gesetzliche Bemessungsgrundsätze

- Die Pflegesätze müssen leistungsgerecht sein.
- Sie sind nach dem Versorgungsaufwand, den der Pflegebedürftige nach Art und Schwere seiner Pflegebedürftigkeit benötigt, in drei Pflegeklassen einzuteilen.
- Die Pflegesätze müssen einer Pflegeeinrichtung bei wirtschaftlicher Betriebsführung ermöglichen, ihren Versorgungsauftrag zu erfüllen.
- Überschüsse verbleiben der Pflegeeinrichtung; Verluste sind von ihr zu tragen. Der Grundsatz der Beitragssatzstabilität ist zu beachten.
- Die Pflegesätze sind für alle Bewohner der Einrichtung nach einheitlichen Grundsätzen zu bemessen; eine Differenzierung nach Leistungsträgern ist unzulässig.

Ermittlung der Pflegesätze

Die Pflegesätze sind im Voraus, also vor Beginn der jeweiligen Wirtschaftsperiode der Pflegeeinrichtung für einen zukünftigen Zeitraum (Pflegesatzzeitraum) zu vereinbaren.

Ein rückwirkendes Inkrafttreten von Pflegesätzen ist nicht zulässig. Nach Ablauf des Pflegesatzzeitraums gelten die vereinbarten oder festgesetzten Pflegesätze bis zum Inkrafttreten neuer Pflegesätze weiter.

Die Pflegeeinrichtung hat Art, Inhalt, Umfang und Kosten der Leistungen, für die sie eine Vergütung beansprucht, durch Pflegedokumentationen und andere geeignete Nachweise rechtzeitig vor Beginn der Pflegesatzverhandlungen darzulegen.

Entgelte für Unterkunft und Verpflegung

Für Unterkunft und Verpflegung muss der Pflegebedürftige selbst aufkommen. Er selbst wird nicht die Entgelte aushandeln, sondern auch hier trifft die Pflegeeinrichtung mit den Leistungsträgern eine Vereinbarung. Die Pflegekassen und die Sozialhilfeträger sind Sachverwalter für die Interessen der Pflegebedürftigen. Damit soll sichergestellt werden, dass die von den Pflegeeinrichtungen angebotenen Leistungen für Unterkunft und Verpflegung in einem angemessenen Verhältnis zu den geforderten Entgelten stehen. Diese Entgelte sind gesondert auszuweisen.

Gesondert berechenbare Investitionskosten

Nicht durch öffentliche Förderung gedeckte Investitionskosten dürfen dem Pflegebedürftigen von der Pflegeeinrichtung gesondert berechnet werden. Teilweise geförderte Pflegeeinrichtungen brauchen für die Berechnung der Investitionskosten die Zustimmung der zuständigen Landesbehörde.[38]

Pflegeeinrichtungen erbringen auch Leistungen, die nicht vom SGB XI erfasst sind. Dazu gehören z.B. berufliche Rehabilitation und Eingliederungshilfe und Leistungen von Nebenbetrieben (Besucher-Cafeteria, Personalkantine, Wohnheim für das Personal, Wäscherei und Küche, soweit sie außerhalb der Pflegeeinrichtung Leistungen liefern). Eine Pflegeeinrichtung, die mit einem Haus für betreutes Wohnen in einem organisatorischen Verbund betrieben wird, muss die Leistungen für das betreute Wohnen von den Leistungen nach SGB XI abgrenzen.

Diese Ausführungen machen deutlich, mit welchen **Kostenträgern**[39] eine stationäre Pflegeeinrichtung arbeiten sollte:

- Stationäre Pflege
    - Pflegestufe 0
    - Pflegestufe 1
    - Pflegestufe 2
    - Pflegestufe 3
    - Pflegestufe 3 (Härtefälle)
- Unterkunft
- Verpflegung
- Investitionsbereich
- Zusatzleistungen
    - für Unterkunft
    - für Verpflegung
- Externer Leistungsbereich

[38] Vgl. Abschnitt 7 Duale Finanzierung und Kostenrechnung, Seite 173
[39] Siehe Fußnote 2, Seite 14

Der Gesetzgeber verlangt leistungsgerechte und im Voraus vereinbarte Pflegesätze. Für eine Pflegeeinrichtung bedeutet das, dass sie Leistungen und deren Kosten im Voraus kalkulieren muss. Das ist nur möglich, wenn eine geeignete Kosten- und Leistungsrechnung vorliegt.

Ähnlich wie im Krankenhaus ist die eigentliche Leistung der Pflegeeinrichtung nicht objektiv messbar. Ziel der Pflege ist, dass der Bewohner bzw. die Bewohnerin sich wohlfühlt und dass die Lebensqualität möglichst erhalten bleibt. Um dieses Ziel zu erreichen, wird man viele Leistungen erbringen müssen.

Übersicht über die möglichen Leistungen:[40]

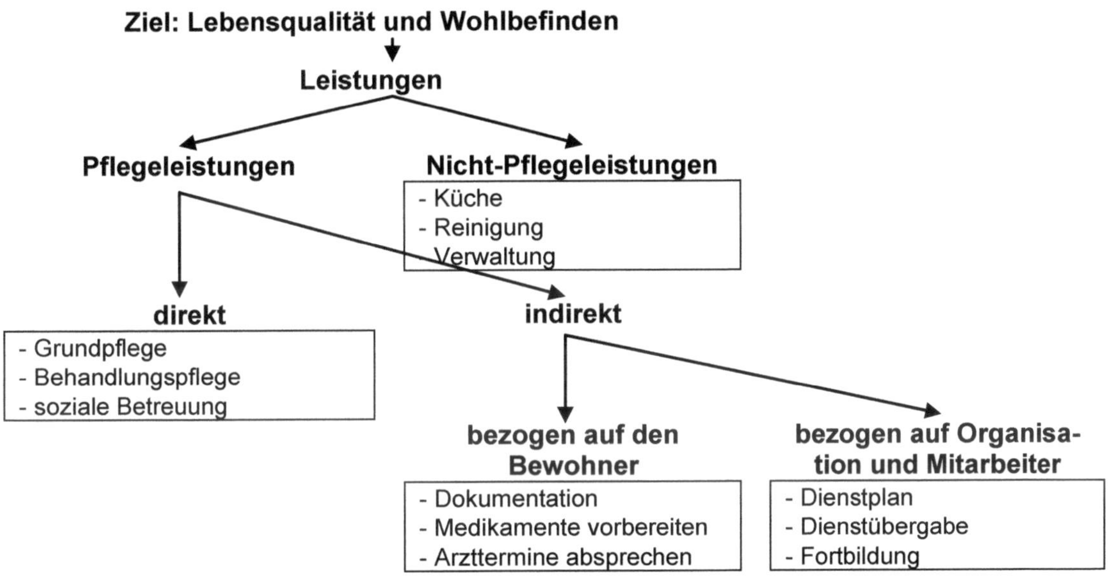

Die in der Übersicht genannten Leistungen sind Beispiele und lassen sich noch weiter ergänzen und differenzieren.

<u>Entsprechend der Ziele der Kostenrechnung wird man entsprechende Leistungen erfassen müssen. Die Leistungserfassung ist somit eine wesentliche Grundlage der Kalkulation im Rahmen der Kostenrechnung.</u>

[40] Quelle: Zapp, Funke, Schnieder: Aufbau einer Internen Budgetierung auf der Grundlage der Pflegeversicherung, Osnabrück 2000, Seite 69

Die Kosten- und Leistungsrechnung in stationären Pflegeeinrichtungen ist abhängig zum einen von den gesetzlichen Vorschriften (§ 7 PBV) und zum anderen von den Absichten, die man mit der Kosten- und Leistungsrechnung erreichen will. Der Gesetzgeber verlangt, dass der Inhalt der vollstationären Pflegeleistungen näher zu bestimmen ist und dass die Pflegeleistungen von den Leistungen für Unterkunft, Verpflegung und den Zusatzleistungen abzugrenzen ist. Das gilt für die Personal- und Sachkosten.

Kostenartenrechnung

Die Kostenartenrechnung richtet sich vor allem nach dem Kontenrahmen der PBV. Für Zwecke der Kostenstellen- und Kostenträgerrechnung sind gewisse Veränderungen zweckmäßig, wobei die Daten für die Kostenrechnung aus der Buchhaltung nachprüfbar herzuleiten sind. Z.B. lassen sich die Personalkosten insoweit für weitere Rechnungen zusammenfassen, dass man die sogenannten Personalnebenkosten zu den eigentlichen Personalkosten hinzufügt und damit die gesamten Personalkosten für die Leitung, für den Pflegedienst, für den Verwaltungsdienst usw. erhält.

Ferner können die nicht in die Kostenrechnung fallenden Aufwendungen herausgenommen werden. Es handelt sich vor allem um die neutralen Aufwendungen und um nicht das SGB XI betreffende Aufwendungen.

Kostenstellenrechnung

§ 7 PVB verlangt, dass Pflegeeinrichtungen auf Grund ihrer Aufgaben und Strukturen erforderliche Kostenstellen bilden, in denen die Kosten und Leistungen verursachungsgerecht zu erfassen sind. Hierzu kann der Kostenstellenrahmen nach dem Muster der Anlage 5 PBV angewendet werden.

Die Anlage 5 BPV sieht folgende Kostenstellen vor:

90	**Allgemeine Kostenstellen**
900	Gebäude einschließlich Grundstücke
901	Außenanlagen
902	Leitung und Verwaltung der Pflegeeinrichtung
903	Hilfs- und Nebenbetriebe
904	Ausbildung, Fortbildung
905	Personaleinrichtungen (soweit für Betrieb der Einrichtung notwendig)
906	Sonstige

91 Versorgungseinrichtungen
910 Wäscherei (Versorgung)
911 Küche (Versorgung)
912 Hol- und Bringedienst (Transporte innerbetrieblich)
913 Zentrale Sterilisation
914 Zentraler Reinigungsdienst
915 Energieversorgung (Wasser, Energie, Brennstoffe)
916 Sonstige

92 Häusliche Pflegehilfe
920 Pflegebereich - Pflegestufe I
921 Pflegebereich - Pflegestufe II
922 Pflegebereich - Pflegestufe III
923 Pflegebereich - Pflegestufe III - Härtefälle

93 Teilstationäre Pflege (Tagespflege)
930 Pflegebereich - Pflegeklasse I
931 Pflegebereich - Pflegeklasse II
932 Pflegebereich - Pflegeklasse III
933 Pflegebereich - Pflegeklasse III - Härtefälle

94 Teilstationäre Pflege (Nachtpflege)
940 Pflegebereich - Pflegeklasse I
941 Pflegebereich - Pflegeklasse II
942 Pflegebereich - Pflegeklasse III
943 Pflegebereich - Pflegeklasse III - Härtefälle

95 Vollstationäre Pflege
950 Pflegebereich - Pflegeklasse I
951 Pflegebereich - Pflegeklasse II
952 Pflegebereich - Pflegeklasse III
953 Pflegebereich - Pflegeklasse III - Härtefälle

96 Kurzzeitpflege
960 Pflegebereich - Pflegeklasse I
961 Pflegebereich - Pflegeklasse II
962 Pflegebereich - Pflegeklasse III
963 Pflegebereich - Pflegeklasse III - Härtefälle

97-99 freibleibend

Dieser Kostenstellenrahmen basiert auf einer Kannbestimmung, sodass man diese Einteilung nicht unbedingt anwenden muss. Die Anwendung einer Kostenstellenrechnung mit den dazu benutzten Kostenstellen ist davon abhängig, wie der Betrieb aufgebaut (organisiert) ist und was man mit der Kostenstellenrechnung erreichen will bzw. muss.

Die klassische Kostenrechnung beginnt mit der Kostenartenrechnung als Grundlage für die folgende Kostenstellenrechnung. Einzelkosten werden direkt den Kostenträgern zugeordnet, während die Gemeinkosten über die Kostenstellenrechnung und der innerbetrieblichen Kostenverrechnung den Kostenträgern zugeordnet werden. Dieses Verfahren wird z.B. bei den Krankenhäusern angewendet.

Ein völlig anderer Ansatz ist, wenn man aus der Kostenartenrechnung zwei voneinander unabhängige Wege geht. Der eine Weg führt aus der Kostenartenrechnung in die Kostenstellenrechnung. Der andere Weg führt aus der Kostenartenrechnung in die Kostenträgerrechnung.[41]

Kostenträgerrechnung

Im Folgenden soll ein Beispiel gezeigt werden, wie man mit Äquivalenzziffern und mit Hilfe eines BAB die Kosten pro Tag und Pflegestufe ermitteln kann. Dabei sind folgende Arbeitsschritte durchzuführen:

1. Zusatzleistungen nach SGB XI und sonstige Leistungen (z.B. SGB V) werden herausgenommen (BAB Seite 1).
2. Bestimmte Erlöse sind von den Kosten abzuziehen (BAB Seite 2).
3. Die verbleibenden Kosten sind auf folgende Bereiche aufzuteilen: (BAB Seite 3)
   Bereich: Nicht durch öffentliche Förderung gedeckte Investitionskosten,
   Bereich: Unterkunft,
   Bereich: Verpflegung,
   Bereich: Pflege.
4. Die Kosten der Pflege werden auf die Pflegestufen 0 bis 3 verteilt. Hierbei benutzt man die Schlüssel P (= Pflegetage) und V (= Vergleichstage). (BAB Seite 3)
5. Die verbleibenden Erlöse werden wie bei 3 und 4 verteilt. (BAB Seite 4)

[41] Vgl. Zapp, Funke, Schnieder: Interne Budgetierung auf der Grunlage der Pflegeversicherung – Ergebnisse eines anwendungsorientierten Forschungsprojektes in der stationären Altenhilfe, Wanne-Eickel 2000, Seite 137 uff.

6. Aus den Gesamtkosten (netto) werden die Tageskosten ermittelt. (BAB Seite 4)

BAB, Seite 1 Schritt 1: Zusatzleistungen nach SGB XI und sonstige Leistungen (z.B. SGB V) werden herausgenommen. Die verbleibenden Kosten werden auf Blatt 3 übertragen.

BAB Seite 1	Insge-samt	Zusatzleistungen			Sonstige Leistungen		verblei-bende Kosten
Aufwendungen (Kostenarten)		Unter-kunft	Verpfle-gung	Pflege	SGB V	Einmalun-terlagen	
Personalkosten Leitung	120.000						120.000
Personalkosten Pflegedienst	1.550.000				29.000		1.521.000
Personalkosten Küche	125.000		18.000				107.000
Personalkosten Wäscherei	50.000						50.000
Personalkosten Reinigungsdienst	100.000						100.000
Personalkosten Hausmeister	30.000						30.000
Personalkosten Verwaltung	150.000						150.000
Summe Personalkosten	2.125.000	0	18.000	0	29.000	0	2.078.000
Lebensmittel	200.000		90.000				110.000
Medizinischer Dienst	5.000				3.000		2.000
Wasser, Energie, Brennstoffe	140.000						140.000
Wirtschaftsbedarf	60.000					40.000	20.000
Betreuungsbedarf	10.000			1.500			8.500
Verwaltungsbedarf	45.000						45.000
Instandhaltung, Ersatzbeschaffung	80.000	18.000					62.000
Steuern, Abgaben, Versicherungen	50.000						50.000
Zinsen u. ähnliche Aufwendungen	70.000						70.000
Abschreibungen	230.000	34.000					196.000
Mieten, Pachten, Leasing	6.000						6.000
Außerordentliche Aufwendungen	5.000						5.000
Summe Kosten (brutto)	3.026.000	52.000	108.000	1.500	32.000	40.000	2.792.500

BAB, Seite 2 Schritt 2: Bestimmte Erlöse sind von den Kosten abzuziehen

BAB Seite 2	Insgesamt	Zusatzleistungen			Sonstige Leistungen		verbleibende Kosten
		Unterkunft	Verpflegung	Pflege	SGB V	Einmalunterlagen	
Summe Kosten (brutto) (BAB, S. 1)	3.026.000	52.000	108.000	1.500	32.000	40.000	2.792.500
Abzüge aus Erlösen							
Erlöse für Inkontinenzartikel (SGB V)	35.000					35.000	0
Personalsachbezüge							
- Mietanteil	27.000						27.000
- Verpflegung	46.000						46.000
Personalkostenerstattung	94.000						94.000
Sonstige Erstattungen	2.000						2.000
Versicherungserstattungen	19.000						19.000
Sonstige ordentliche Erträge	15.000						15.000
Erträge Auflösung Sonderposten	43.000						43.000
Summe Erlösabzüge	281.000	0	0	0	0	35.000	246.000
Gesamtkosten (netto)	2.745.000	52.000	108.000	1.500	32.000	5.000	2.546.500

BAB, Seite 3 Schritt 4: Die Kosten der Pflege werden auf die Pflegestufen verteilt. Umlageschlüssel: siehe BAB Seite 4 (unten)

BAB Seite 3										
Aufwendungen (Kostenarten)	Verbleibende Kosten	nicht gedeckte Investitionskosten	Unterkunft	Verpflegung	Pflege	P/V	Stufe 1	Stufe 2	Stufe 3	Stufe 0
Personalkosten Leitung	120.000		30.000	30.000	60.000	P	14.999	16.205	24.015	4.780
Personalkosten Pflegedienst	1.521.000				1.521.000	V	276.067	387.745	795.616	61.572
Personalkosten Küche	107.000			107.000						
Personalkosten Wäscherei	50.000		30.000	20.000						
Personalkosten Reinigungsdienst	100.000		80.000	20.000						
Personalkosten Hausmeister	30.000	14.000	16.000							
Personalkosten Verwaltung	150.000		50.000	25.000	75.000	P	18.749	20.257	30.019	5.975
Summe Personalkosten	2.078.000	14.000	196.000	192.000	1.656.000		309.815	424.207	849.650	72.327
Lebensmittel	110.000			110.000						
Medizinischer Dienst	2.000				2.000	V	363	510	1046	81
Wasser, Energie, Brennstoffe	140.000		50.000	20.000	70.000	P	17.499	18.906	28.018	5.576
Wirtschaftsbedarf	20.000		5.000	5.000	10.000	P	2.500	2.701	4.003	797
Betreuungsbedarf	8.500				8.500	P	2.125	2.296	3.402	677
Verwaltungsbedarf	45.000		11.250	11.250	22.500	P	5.625	6.077	9.006	1.792
Instandhaltung, Ersatzbeschaffung	62.000	62.000								
Steuern, Abgaben, Versicherungen	50.000		12.500	12.500	25.000	P	6.250	6.752	10.006	1.992
Zinsen u. ähnliche Aufwendungen	70.000	70.000								
Abschreibungen	196.000	196.000								
Mieten, Pachten, Leasing	6.000	6.000								
Außerordentliche Aufwendungen	5.000		2.500		2.500	P	625	675	1.001	199
Summe Kosten (brutto)	2.792.500	348.000	287.250	360.750	1.796.500		344.802	462.124	906.132	83.441

BAB, Seite 4 Schritt 5 und 6: Die verbleibenden Erlöse werden verteilt. Nettokosten und die Tageskosten werden ermittelt.

BAB Seite 4	Verbleibende Kosten	nicht gedeckte Investitionskosten	Unterkunft	Verpflegung	Pflege	P/V	Stufe 1	Stufe 2	Stufe 3	Stufe 0
Summe Kosten (brutto) (BAB, S. 1)	2.792.500	348.000	287.250	360.750	1.796.500		344.802	462.124	906.132	83.441
Erlösabzüge										
Erlöse für Inkontinenzartikel (SGB V)	0									
Personalsachbezüge										
- Mietanteil	27.000	27.000								
- Verpflegung	46.000			46.000						
Personalkostenerstattung	94.000				94.000	V	17.061	23.963	49.170	3.805
Sonstige Erstattungen	2.000		1.000		1.000	P	250	270	400	80
Versicherungserstattungen	19.000	19.000								
Sonstige ordentliche Erträge	15.000		7.500		7.500	P	1.875	2.026	3.002	597
Erträge Auflösung Sonderposten	43.000	43.000								
Summe Erlösabzüge	246.000	89.000	8.500	46.000	102.500		19.186	26.259	52.572	4.482
Gesamtkosten (netto)	2.546.500	**259.000**	**278.750**	**314.750**	1.694.000		**325.616**	**435.865**	**853.560**	**78.959**
Umlageschlüssel										
Pflegetage Investitionskosten		**24.273**					6.068	6.554	9.709	1.942
Pflegetage Unterkunft/Verpflegung			**24.213**	**24.213**			6.053	6.539	9.689	1.932
Pflegetage ungewichtet					24.177	P	**6.044**	**6.530**	**9.677**	**1.926**
Äquivalenzziffern							1	1,3	1,8	0,7
Vergleichstage					33.300	V	6.044	8.489	17.419	1.348
Kosten pro Tag		**10,67**	**11,51**	**13,00**			**53,87**	**66,75**	**88,21**	**41,00**

58. Aufgabe

Erstellen Sie (nach Möglichkeit mit einem Tabellenkalkulationsprogramm) einen BAB mit folgenden Spalten und Zeilen: Ermitteln Sie die Kosten pro Tag.

Kosten	Summe Kosten	nicht gedeckte Investitionskosten	Unterkunft	Verpflegung	Pflege	P/V	Stufe 1	Stufe 2	Stufe 3
(1)	(2)	(3)	(4)	(5)	(6)	(7)	(8)	(9)	(10)
Personalkosten Leitung	70.000		15.000	15.000	40.000	P			
Personalkosten Pflegedienst	980.000				980.000	V			
Personalkosten Küche	55.000			55.000					
Personalkosten Verwaltung	118.000		40.000	30.000	48.000	P			
Summe Personalkosten									
Lebensmittel	55.000			55.000					
Wasser, Energie, Brennstoffe	70.000		15.000	20.000	35.000	P			
Wirtschaftsbedarf	10.000		2.500	2.500	5.000	P			
Betreuungsbedarf	4.000				4.000	P			
Verwaltungsbedarf	25.000		6.250	6.250	12.500	P			
Instandhaltungen	31.000	20.000	11.000						
Steuern, Abgaben, Vers.	25.000		6.250	6.250	12.500	P			
Zinsen	35.000	25.000	10.000						
Abschreibungen	85.000	45.000	40.000						
Mieten, Pachten, Leasing	3.000	3.000							
Summe Sachkosten									
Gesamtkosten									
Umlageschlüssel									
Pflegetage	16.833						8.200	6.900	1.733
Äquivalenzziffern							1	1,5	2,5
Vergleichstage									
Kosten pro Tag	---				---	---			

P = Pflegetage, V = Vergleichstage (Pflegetage x Äquivalenzziffer)

Berechnung der (prospektiven) Pflegesätze je Pflegestufe mit Hilfe von Äquivalenzziffern[42]

Zunächst werden die Leistungen erfasst bzw. geplant, die notwendig sind. Daraus entwickelt man den Personalbedarf und schließlich die Personalkosten und damit den größten Kostenblock.

Entsprechende Zeiterfassungen in der Pflege, differenziert nach Pflegestufen ermöglichen eine genauere Aufwandsdarstellung. Eine Auswertung und Zusammenfassung der Zeiterfassungen möge z.B. zu folgendem Ergebnis führen:

Durchschnittlicher tatsächlicher Pflegezeitaufwand pro Bewohner und Tag und Pflegestufe in Minuten

Pflegestufe	Minuten
0	30
1	95
2	190
3	350

Aus diesen Werten lassen sich leicht Äquivalenzziffern bilden. Man wählt z.B. die Pflegestufe 1 aus und ordnet ihr die Zahl 1 zu. Alle anderen Stufen setzt man ins Verhältnis zur Pflegestufe 1. Man rechnet wie folgt:

Pflegestufe	Minuten	Rechnung	**Äquivalenz-ziffer**
0	30	1:95×30 =	**0,31**
1	95	1:95×95 =	**1,00**
2	190	1:95×190 =	**2,00**
3	330	1:95×330 =	**3,47**

Auch lässt sich der durchschnittliche Pflegezeitaufwand pro Jahr in Minuten ermitteln.

[42] Siehe auch Divisionskalkulation mit Äquivalenzziffern, Seite 99 uff.

Pflegestufe	Pflegezeit-aufwand pro Tag in Minuten	Belegungs-tage	Pflegezeit-aufwand pro Jahr in Stunden
0	30	1.924	962
1	95	10.163	16.091
2	190	12.150	38.475
3	330	8.460	46.530
Summe		32.697	102.058

Aus den Zahlen „Pflegezeitaufwand pro Jahr" lassen sich die Anzahl der benötigten Pflegekräfte (Vollzeitkräfte) und damit die Personalkosten ermitteln.

Dabei ermittelt man zunächst die Netto-Jahresarbeitszeit einer Pflegekraft:

Tage pro Jahr	365
minus Samstage und Sonntage	-104
minus Feiertage	-10
Zwischensumme	251
minus 20 % Ausfallzeit	-50,2
minus Urlaub	-31
Nettojahresarbeitszeit (Tage)	169,8

Multipliziert man die Nettojahresarbeitszeit (in Tagen) mit 6,95 Stunden pro Tag (7,7 Stunden – 0,75 Stunden Pause), so erhält man die Nettojahresarbeitszeit in Stunden: 1.180,11.

Nimmt man die Pflegestunden pro Jahr und dividiert sie durch die Nettojahresarbeitszeit pro Arbeitskraft, so erhält man die Anzahl der Vollzeitkräfte.

102.058 : 1.180,11 = 86,5 Vollzeitkräfte

Diese Rechnung lässt sich für jede Pflegestufe durchführen:

Pflege-stufe	Bewoh-ner Anzahl	durch-schnittliche Pflegezeit in Minuten je Bewoh-ner und Tag	Bele-gungs-tage	Pflegezeit-aufwand pro Jahr in Stunden	Vollzeit-kräfte (VZK[43])	Bewohner pro VZK
0	6	30	1.924	962	0,8	7,5
1	30	95	10.163	16.091	13,6	2,2
2	35	190	12.150	38.475	32,6	1,1
3	25	330	8.460	46.530	39,4	0,6
Summe	96		32.697	102.058	86,4	---

Jetzt kann man die gesamten Pflegepersonalkosten mit Hilfe der Äquivalenzziffern verteilen:

Stufe	Äquivalenz-ziffer[44]	Pflegetage	Vergleichs-tage	Personal-kosten	Personal-kosten pro Pflege-tag
(1)	(2)	(3)	(4)	(5)	(6)
0	0,31	1.924	596	19.486	10,13
1	1,00	10.163	10.163	332.272	32,69
2	2,00	12.150	24.300	794.470	65,39
3	3,47	8.460	29.356	959.772	113,45
		32.697	64.415	**2.106.000**	

Rechnungen

1. Die Pflegetage werden mit den jeweiligen Äquivalenzziffern multipliziert. Ergebnis sind die Vergleichstage je Stufe (Spalte 2 × Spalte 3 = Spalte 4).

2. Die Summe der Personalkosten wird durch die Summe der Vergleichstage dividiert und dann je Stufe mit den entsprechenden Vergleichstagen je

[43] VZK = Vollzeit/kraft/kräfte
[44] Äquivalenzziffern siehe Seite 168

Stufe multipliziert. (2.106.000 : 64.415 = Wert pro Vergleichstag; Wert pro Vergleichstag × Vergleichstage je Stufe [Spalte 4])

3. Die Personalkosten je Stufe werden dann geteilt durch die Pflegetage, sodass dann die Personalkosten je Pflegetag und je Stufe vorliegen. (Spalte 5 : Spalte 3)

Will man den Tagessatz für die Pflege pro Pflegestufe ermitteln, sind jetzt noch die übrigen Kosten (andere Personalkosten und Sachkosten) zu berücksichtigen.

Ferner müssen noch die Sätze für Unterkunft, für Verpflegung und die Investitionskosten kalkuliert werden.

59. Aufgabe

Konten-Gruppe	Konten-unter-Gruppe	Personalkosten, differenziert nach Dienstarten	
60		Löhne und Gehälter	
	600	Leitung der Pflegeeinrichtung	150.000
	601	Pflegedienst	450.000
	602	Hauswirtschaftlicher Dienst	36.000
	603	Verwaltungsdienst	102.000
	604	Technischer Dienst	40.000
61		Gesetzliche Sozialabgaben	
	610	Leitung der Pflegeeinrichtung	14.040
	611	Pflegedienst	81.500
	612	Hauswirtschaftlicher Dienst	6.400
	613	Verwaltungsdienst	20.000
	614	Technischer Dienst	7.200
62		Altersversorgung	
	620	Leitung der Pflegeeinrichtung	2.400
	621	Pflegedienst	6.800
	622	Hauswirtschaftlicher Dienst	1.200
	623	Verwaltungsdienst	3.600
	624	Technischer Dienst	1.000

a) Ermitteln Sie die Summe aller Personalkosten.

Für die Aufgaben b und c erstellen Sie eine Tabelle und

b) ermitteln Sie die Personalkosten gesamt, getrennt nach Dienstarten;
c) berechnen Sie die Prozentanteile der Personalkosten gesamt, getrennt nach Dienstarten.

60. Aufgabe

Eine vollstationäre Pflegeeinrichtung möge im Jahresdurchschnitt mit 50 Bewohnern belegt sein.
Die nicht durch öffentliche Förderung gedeckten Investitionskosten mögen 91.250 € pro Jahr betragen.
Die Kosten für Unterkunft belaufen sich pro Jahr auf 200.750 €.
Man rechnet mit jährlichen Kosten für die Verpflegung in Höhe von 173.375 €.

a) Berechnen Sie die nicht geförderten Investitionskosten pro Bewohner und Tag.

b) Berechnen Sie die Kosten für Unterkunft pro Bewohner und Tag.

c) Berechnen Sie die Kosten für Verpflegung pro Bewohner und Tag.

61. Aufgabe

Berechnen Sie die Personalkosten für die Pflege pro Tag und Bewohner.

Stufe	Äquivalenz-ziffer	Pflegetage	Vergleichs-tage	Personal-kosten	Personal-kosten pro Pflegetag
(1)	(2)	(3)	(4)	(5)	(6)
0	0,30	1.900			
1	1,00	10.200			
2	2,00	12.200			
3	3,50	8.500			
				2.110.000	

7 Duale Finanzierung und Kostenrechnung

Eine Besonderheit gibt es in der Kostenrechnung der Krankenhäuser und der Pflegeeinrichtungen, soweit Investitionen mit öffentlichen Mitteln finanziert werden. Das gilt insbesondere für die Krankenhäuser.

Für die Krankenhäuser gibt es eine Abgrenzungsverordnung, die eine genauere Abgrenzung zwischen DRG-fähigen (pflegesatzfähigen) und nicht DRG-fähigen (nicht pflegesatzfähigen) Gütern ermöglicht.

Kosten für Investitionen, die mit öffentlichen Mitteln finanziert werden, sind gesondert darzustellen und gehören nicht in die Kostenrechnung. Sie werden sowohl in der Kostenartenrechnung als auch in der Kostenstellenrechnung abgegrenzt.

Überblick über die Einteilung der Wirtschaftsgüter und deren Finanzierung nach der Abgrenzungsverordnung[45]:

<table>
<tr><td colspan="4">Einteilung der Wirtschaftsgüter nach der Abgrenzungsverordnung</td></tr>
<tr><td colspan="2">Anlagegüter
ND = Nutzungsdauer
AHK = Anschaffungs- und Herstellungskosten</td><td colspan="2">Verbrauchsgüter</td></tr>
<tr><td>Kurzfristige Anlagegüter
3<ND≤15 Jahre:
Medizinische Geräte, Apparate, Fahrzeuge, Mobiliar

Mittelfristige Anlagegüter
15<ND≤30 Jahre:
Kühlanlagen, Fernsprechanlagen

Langfristige Anlagegüter
ND>30 Jahre:
Gebäude, Außenanlagen</td><td>Gebrauchsgüter

ND ≤ 3 Jahre

Dienst- u. Schutzkleidung; Geschirr; Bild-, Ton- und Datenträger; elektrische Küchenmesser; Warmhaltekannen; Gebrauchsgüter des medizinischen Bedarfs: Atembeutel, Heizdecken, Magenpumpen, Narkosemasken, Operationstisch-Auflagen, Schienen, Spezialkatheter u.a.</td><td>Geborene Verbrauchsgüter

Lebensmittel; Einwegspritzen; Güter, die beim Patienten verbleiben, z.B. Herzschrittmacher</td><td>Gekorene Verbrauchsgüter

Wiederbeschaffte, abnutzbare und bewegliche Anlagegüter, deren AHK ≤ 150 €</td></tr>
</table>

Die Anlagegüter und die Gebrauchsgüter für die Erstbeschaffung sind nicht DRG-fähige Kosten, sind aus der Kostenrechnung für die Kalkulation der Pauschalen

[45] Vgl. im Anhang: Abgrenzungsverordnung, Seite 220 uff.

abzugrenzen. Die wiedergeschafften Gebrauchsgüter und die Verbrauchsgüter sind keine Investitionskosten im Sinne der Abgrenzungsverordnung. Sie sind DRG-fähige Kosten und gehören in die Kalkulation. Weitere Einzelheiten und Ergänzungen sind dem **Kalkulationshandbuch** zu entnehmen.[46]

Für Pflegeeinrichtungen gibt es keine Abgrenzungsverordnung. Fallen Investitionskosten an, die mit öffentlichen Mitteln finanziert sind, sind diese Kosten abzugrenzen. Dazu kann man eine Vorkostenstelle bilden.

Die nicht mit öffentlichen Fördermitteln finanzierten Investitionskosten müssen im BAB gesondert erfasst werden, weil man diese Kosten dem Pflegebedürftigen gesondert berechnen darf.

[46] **Kalkulationshandbuch**, Seite 45 uff.

8 Teilkostenrechnung

8.1 Einführung

"Die Kostenverantwortung geht immer mehr in die Eigenverantwortung der Sozialbetriebe über: Selbstkostenblätter sind nicht mehr die Grundlage für Kostenerstattung, sondern Fallpauschalen, Kostenvorgaben und Entgeltsysteme sowie Kosten- und Leistungsrechnungen."[47]

Das Ziel der meisten Sozialbetriebe ist, ihre Leistungen kostendeckend zu erwirtschaften. Es geht nicht darum, Kosten um jeden Preis zu senken, sondern ein Optimum zu finden, das auch die Qualität der Leistung berücksichtigt.

Um dem Ziel einer Kostenoptimierung näher zu kommen, müssen Maßnahmen ergriffen werden. Maßnahmen dieser Art sind: Kostenkontrolle, Kostenanalyse und Kostenplanung mit dem Ziel einer besseren Kostennutzung.

Diese Maßnahmen sollen helfen, Schwächen im Leistungsprozess zu erkennen. Schwächen dieser Art können sein:

- Doppelarbeiten,
- schlechte Abstimmung von Fahrtrouten,
- ungünstiger Einkauf von Medikamenten und Betriebsmitteln,
- schlecht organisierte Arbeitsabläufe,
- unnötige Leerläufe,
- schlechte Nutzung der Kapazitäten usw.

Erst durch eine genauere Kostenanalyse lassen sich Möglichkeiten erkennen, die Kosten zu optimieren.

Die Ist-Kostenrechnung behandelt die Vergangenheit und ist somit als eine Nachkalkulation zu sehen. Die Ergebnisse der Ist-Kostenrechnung sind aber auch Grundlage für die Planung künftiger Kosten. Durch die Planung der Kosten und Leistungen kommt der Wille zum Ausdruck, was man erreichen will. Werden diese Planungsziele im Laufe der Zeit durch eine geeignete Gegenüberstellung zum erreichten Ist verglichen, dann hat man die Möglichkeit bei Abweichungen diese zu analysieren, um gegebenenfalls Maßnahmen zu ergreifen, um das Gewollte doch noch zu erreichen. Auch denkbar ist, den Plan zu ändern, falls die Planung von falschen Annahmen ausgeht.

[47] Decker, Franz: Management für soziale Institutionen, Landsberg 1997, Seite 351

Die Kostenplanung ist also notwendig, um das Betriebsgeschehen zu steuern und zu kontrollieren.

Die Plankostenrechnung beinhaltet die Kostenrechnungssysteme, in denen Kosten und Erlöse (Leistungen) für eine bestimmte Planperiode im Voraus festgelegt werden. Sie lässt sich grundsätzlich einteilen in eine Kostenarten-, Kostenstellen- und Kostenträgerrechnung; sie kann als Voll- oder als Teilkostenrechnung dargestellt werden.

Die flexible Plankostenrechnung z.B. ist für die Wirtschaftlichkeitskontrolle geeignet und unterstützt die Entscheidungsprozesse für kurz- und langfristige Fragestellungen. Die flexible Plankostenrechnung setzt eine Trennung von fixen und variablen Kosten voraus.

Um die Probleme und Lösungsmöglichkeiten einer Kostenplanung besser zu verstehen, sind einige grundlegende Kenntnisse der Produktions- und Kostentheorie notwendig, auf die hier kurz eingegangen werden soll.

Die Höhe der **Kosten** ist vor allem von folgenden **Einflussgrößen** abhängig:[48]

1. Qualität der Produktionsfaktoren,
2. Preise der Produktionsfaktoren,
3. Betriebsgröße,
4. Fertigungsprogramm und Beschäftigung (Kapazitätsauslastung).

Zunächst soll der Begriff **Beschäftigung** geklärt werden.

„Unter Beschäftigung versteht man die tatsächliche Nutzung des Leistungsvermögens eines Unternehmens. Sie stellt nicht wie das missverstanden werden könnte die Zahl der im Unternehmen beschäftigten Mitarbeiter dar, sondern wird in Leistungseinheiten gemessen, beispielsweise in: Ausbringungsmengen, Arbeitsstunden, Maschinenstunden."[49]

Eine andere Bezeichnung für das Leistungsvermögen ist die Kapazität. Sind die Kapazitäten eines Betriebes voll ausgeschöpft oder voll ausgelastet, dann spricht man von **Vollbeschäftigung**. Der Ausnutzungsgrad oder Beschäftigungsgrad ist

[48] Gutenberg, Grundlagen der Betriebswirtschaftslehre, 1. Band Die Produktion, 22. Auflage, Berlin u.a. 1976, Seite 344 uff.
[49] Olfert, Klaus: Kostenrechnung, Ludwigshafen 1974, 14. Auflage 2005, Seite 53

dann 100 %. Sind die Kapazitäten nicht voll ausgeschöpft, so ist der Ausnutzungsgrad oder der Beschäftigungsgrad kleiner als 100 %.

$$\text{Beschäftigungsgrad} = \frac{\text{Ist-Beschäftigung} \times 100}{\text{Vollbeschäftigung}}$$

Beispiel Beschäftigung

Die volle Bettenkapazität einer Pflegeeinrichtung möge 50 Betten sein.
Davon sind 45 Betten belegt.

$$\text{Beschäftigungsgrad} = \frac{45 \times 100}{50} = 90\ \%$$

oder bei 50 Betten und 365 Tagen pro Jahr ist die maximale Kapazität (Beschäftigung) gleich 18.250 Pflegetage.

Tatsächlich gab es aber nur 16.870 Pflegetage. Die Kapazitätsauslastung liegt unter der maximalen.

$$\text{Beschäftigungsgrad} = \frac{16.870 \times 100}{18.250} = 92{,}44\ \%$$

Die Frage, die sich stellt, ist, wie verhalten sich die Kosten, wenn sich die Beschäftigung verändert?

Bei Veränderung des Beschäftigungsgrades gibt es grundsätzlich zwei Möglichkeiten, wie sich die Kosten verhalten:

1. die Kosten bleiben unverändert; man spricht dann von **fixen Kosten** (K_f)
2. die Kosten verändern sich; man spricht dann von **variablen Kosten** (K_v)

Auf das Kostenverhalten bei Beschäftigungsveränderungen soll im nächsten Abschnitt eingegangen werden.

8.2 Kostenverhalten bei Beschäftigungsschwankungen

Es ist von folgenden Voraussetzungen auszugehen:

1. Kurzfristige Betrachtung (keine Betrachtung über mehrere Jahre)
2. Unveränderlichkeit der übrigen Kosteneinflussfaktoren (z.B. konstante Preise)
3. Proportionale Beziehung zwischen Beschäftigung und Kosten, also ein linearer Gesamtkostenverlauf
4. Kosten der Betriebsbereitschaft (K_f) sind unveränderlich, also konstant

Die Gesamtkosten (K) setzen sich zusammen aus den **fixen Kosten** (K_f) und den **variablen Kosten** (K_v).

Mit x wird der Beschäftigungsgrad (oder die Kapazitätsauslastung oder die Ausbringungsmenge oder der Output) bezeichnet.

Ein Beispiel soll den Sachverhalt deutlich machen.

Kapazität in Stück (x)	Kosten pro Stück k	variable proportionale Kosten (K_v)	fixe Kosten K_f	Gesamt-kosten K
0	5	0	150	150
10	5	50	150	200
20	5	100	150	250
30	5	150	150	300
40	5	200	150	350
50	5	250	150	400
60	5	300	150	450
70	5	350	150	500
80	5	400	150	550
90	5	450	150	600
100	5	500	150	650

Die **variablen Kosten** ergeben sich aus der Berechnung: Kosten pro Stück (k) multipliziert mit der Stückzahl (x): $K_v = k \times x$

Addiert man zu den variablen Kosten K_v die fixen Kosten K_f, so erhält man die Gesamtkosten K ⇨ $K = K_f + K_v$ oder mit $K_v = k \times x$ eingesetzt:

$$K = K_f + k \times x.$$

Graphisch lässt sich dieser Zusammenhang wie folgt darstellen:

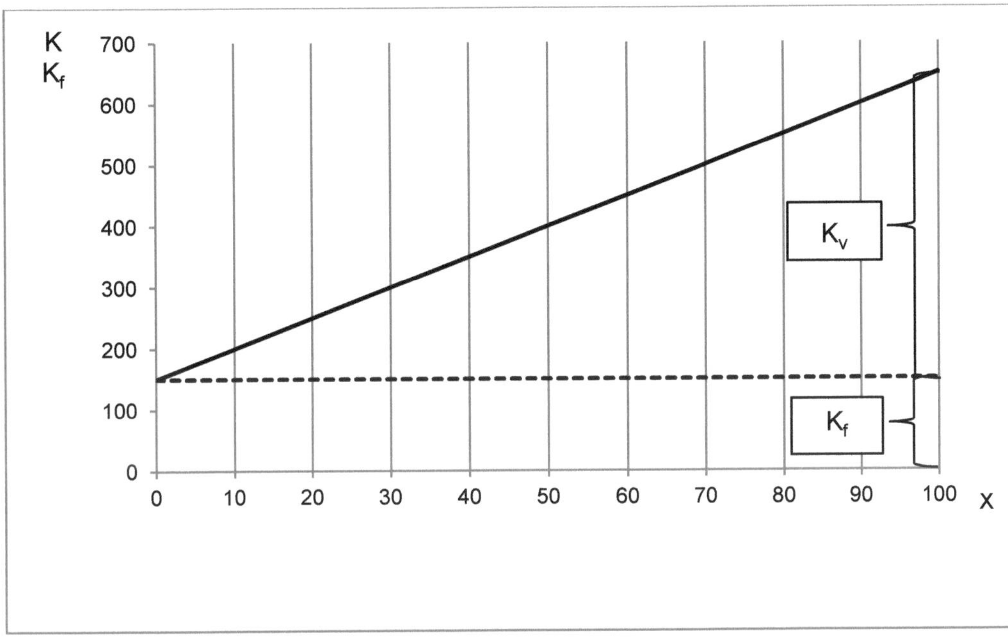

Dividiert man die Kosten durch die Ausbringungsmenge x, so erhält man die Kosten pro Stück (**Stückkosten**).

> Anmerkung: Bei der Stückbetrachtung verwendet man die kleinen Buchstaben.

$$k = \frac{K}{x} \qquad k = \frac{K_f}{x} + \frac{K_v}{x} \qquad k = k_f + k_v$$

Nachstehend soll dieser Sachverhalt graphisch dargestellt werden.

Kapazität Stück (x)	variable Kosten pro Stück (k_v)	fixe Kosten pro Stück (k_f)	Gesamt-kosten pro Stück (k)
0	0	150,00	150,00
10	5	15,00	20,00
20	5	7,50	12,50
30	5	5,00	10,00
40	5	3,75	8,75
50	5	3,00	8,00
60	5	2,50	7,50
70	5	2,14	7,14
80	5	1,88	6,88
90	5	1,67	6,67
100	5	1,50	6,50

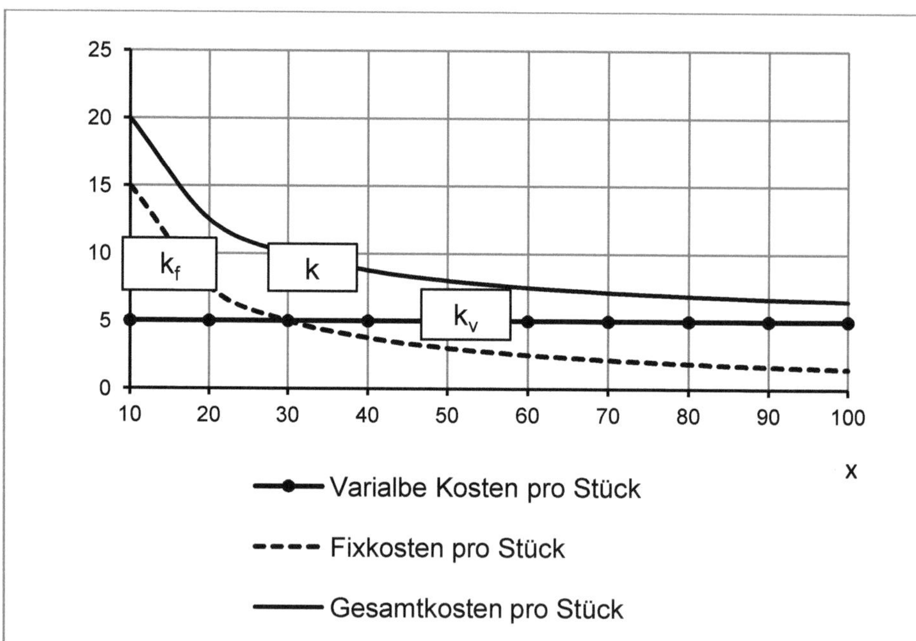

Aus dieser graphischen Darstellung ist erkennbar, dass die variablen Kosten pro Stück (k_v) unabhängig von der Ausbringungsmenge verlaufen, während die fixen

Kosten pro Stück (k_f) degressiv mit der wachsenden Ausbringungsmenge x abnehmen. Diese Tatsache bezeichnet man als **Fixkostendegression**. Um diese **Kostendegression** zu nutzen, wird man bestrebt sein, bis an die Kapazitätsgrenze zu gehen, wo die Fixkosten pro Stück am niedrigsten sind. Addiert man die beiden Kurven k_f und k_v, dann erhält man die Gesamtkosten pro Stück k.

Die Fixkosten lassen sich einteilen in **Nutzkosten** und **Leerkosten**. Die Nutzkosten sind der Teil der Fixkosten der genutzten Kapazität. Die Fixkosten der ungenutzten Kapazität sind die Leerkosten. Da diese beiden Kosten in direkter Abhängigkeit zueinander stehen, lässt sich der Zusammenhang wie folgt darstellen:

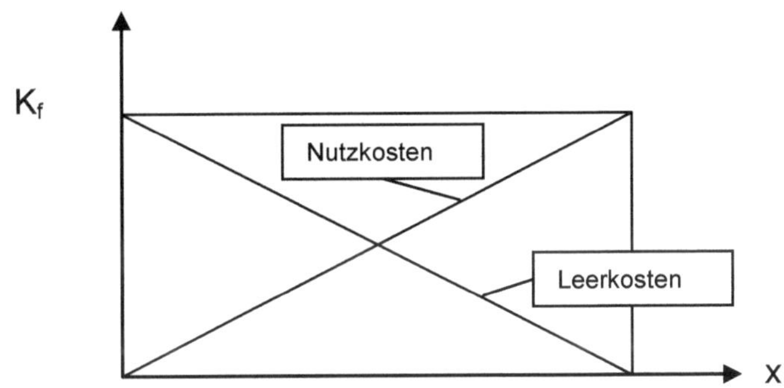

In dem Maße wie die Nutzkosten zunehmen, nehmen die Leerkosten ab.

Da die Fixkosten von der Ausbringungsmenge unabhängig sind, also auch dann anfallen, wenn z.B. die Beschäftigung gleich Null ist, spricht man auch von den Kosten der Betriebsbereitschaft.

Ist die Kapazitätsgrenze eines Betriebes erreicht, dann lässt sich die Ausbringungsmenge nur erhöhen, wenn man die Kapazität erweitert, d.h. neue Produktionsfaktoren einsetzt. Die Fixkosten würden dann allerdings sprunghaft ansteigen. Man spricht dann von **sprungfixen Kosten**.

Kapazität Menge x	fixe Kosten	fixe Kosten pro Stück
0	**100**	**100**
10	100	10,0
20	100	5,0
30	100	3,3
40	**300**	**7,5**
50	300	6,0
60	300	5,0
70	300	4,3
80	**500**	**6,3**
90	500	5,6
100	500	5,0
110	500	4,5
120	**700**	**5,8**
130	700	5,4
140	700	5,0
150	700	4,7

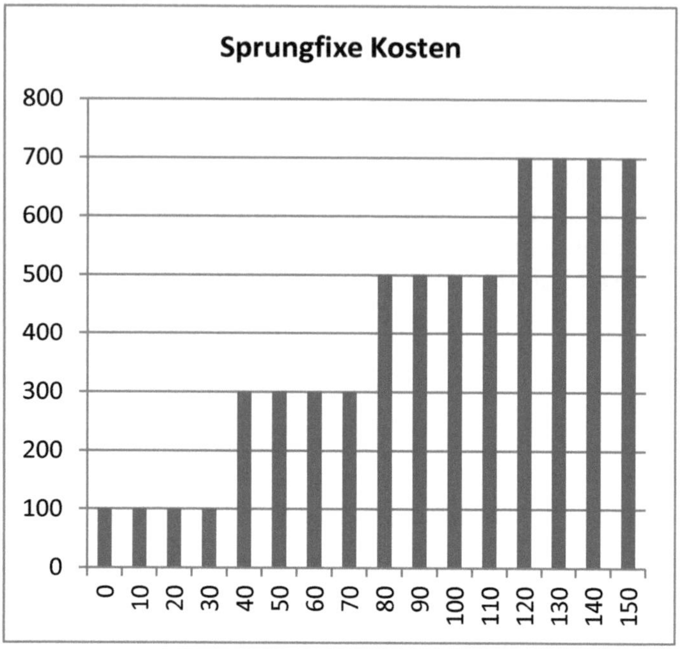

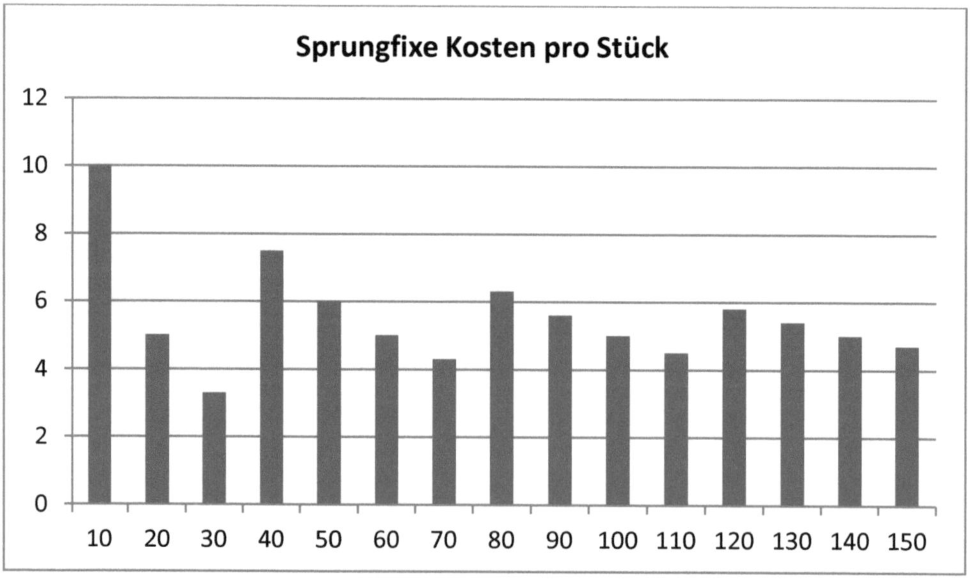

62. Aufgabe

a) Von welchen Größen sind die Kosten abhängig?
b) Was versteht man unter Vollbeschäftigung?
c) Berechnen Sie die Kapazitätsauslastung für folgenden Fall: 80 Pflegebetten (maximale Kapazität), davon 78 Pflegebetten im Durchschnitt belegt.
d) Was versteht man unter fixe Kosten?
e) Wie verhalten sich die variablen Stückkosten bei einer Veränderung der Kapazitätsauslastung?
f) Was versteht man unter der Fixkostendegression?
g) Wann spricht man von sprungfixen Kosten?
h) Was versteht man unter Leerlaufkosten?

63. Aufgabe

Stellen Sie den nachstehenden Sachverhalt graphisch dar; kennzeichnen Sie die Kurven.
1 cm = 10 Tsd. €; 1 cm = 10 %

Betten-auslastung in %	variable (proportionale) Kosten (K_v) in Tsd. €	fixe Kosten (K_f) in Tsd. €	Gesamt-kosten (K) in Tsd. €
0	0	10	10
10	5	10	15
20	10	10	20
30	15	10	25
40	20	10	30
50	25	10	35
60	30	10	40
70	35	10	45
80	40	10	50
90	45	10	55
100	50	10	60

8.3 Kostenauflösung *

Eine **Kostenauflösung** ist da notwendig, wo es sich um Mischkosten handelt, die in fixe und in variable Kosten aufzuteilen sind.

Es gibt mehrere Verfahren, von denen im Folgenden zwei näher dargestellt werden sollen.[50]

Kostenauflösung mit Hilfe des buchtechnischen Verfahrens

Die einzelnen Kostenarten werden auf ihre fixen bzw. variablen Bestandteile untersucht. Dabei sind auch Schätzungen notwendig, was natürlich zu Ungenauigkeiten führen kann. Dieses Verfahren ist zwar sehr einfach, erfordert aber viel Erfahrung. Dieses Verfahren geht von Istwerten aus (die einzelnen Buchungsbelege werden daraufhin untersucht, welche Kostenanteile fix und welche variabel sind) und ist für die Kostenplanung nur mit Einschränkungen zu benutzen.

Beispiel Kostenauflösung – buchtechnisches Verfahren

Kostenstelle Leitung und Verwaltung

Kostenart	fix in €	%	proportional in €	%	gesamt in €
Gehälter	180.000	100	-	-	180.000
Sozialkosten	40.000	100	-	-	40.000
Büromaterial	6.000	60	4.000	40	10.000
Versicherungen	8.000	100	-	-	8.000
Abschreibungen	10.000	100	-	-	10.000
Summe	244.000	98,39	4.000	1,61	248.000

[50] Weitere Methoden der Kostenauflösung: Graphische Methode (Streupunktmethode), Methode der kleinsten Quadrate

Kostenstelle Ambulante Pflege

Kostenart	fix in €	%	proportional in €	%	gesamt in €
Gehälter	500.000	83,3	100.000	16,7	600.000
Hilfslöhne	100.000	71,4	40.000	28,6	140.000
Sozialkosten	120.000	80,0	30.000	20,0	150.000
Abschreibungen	15.000	50,0	15.000	50,0	30.000
Material	10.000	8,3	110.000	91,7	120.000
Summe	745.000	71,6	295.000	28,4	1.040.000

Mathematische Kostenauflösung (Differenzenquotientenverfahren)

Die Mathematische Kostenauflösung geht davon aus, dass die variablen Kosten linear (proportional) verlaufen. Man vergleicht die Gesamtkosten (K) zweier Beschäftigungsgrade. Der Kostenzuwachs ist proportional, es handelt sich also ausschließlich um variable Kosten (K_v). Subtrahiert man die variablen Kosten von den Gesamtkosten, so erhält man die fixen Kosten (K_f).

Beispiel mathematische Kostenauflösung

Beschäftigungszunahme von (x_1) 50 Stück auf (x_2) 100 Stück
Kostenzuwachs von (K_1) 400 € auf (K_2) 500 €

$$\frac{K_2 - K_1}{x_2 - x_1} = k_v \quad \Rightarrow \quad \frac{500 - 400}{100 - 50} = \frac{100}{50} = 2 \text{ € pro Stück}$$

Die variablen Stückkosten sind 2 €. Bei einer Beschäftigung von 100 Stück sind die variablen Gesamtkosten 200 €. Da bei der Beschäftigung von 100 Stück die Gesamtkosten (K) 500 € betragen, ergeben sich aus $K - K_v = K_f$ ⇨ (500 – 200) fixe Kosten in Höhe von 300 €.

Dieser Sachverhalt soll noch einmal graphisch dargestellt werden (graphische Lösung).

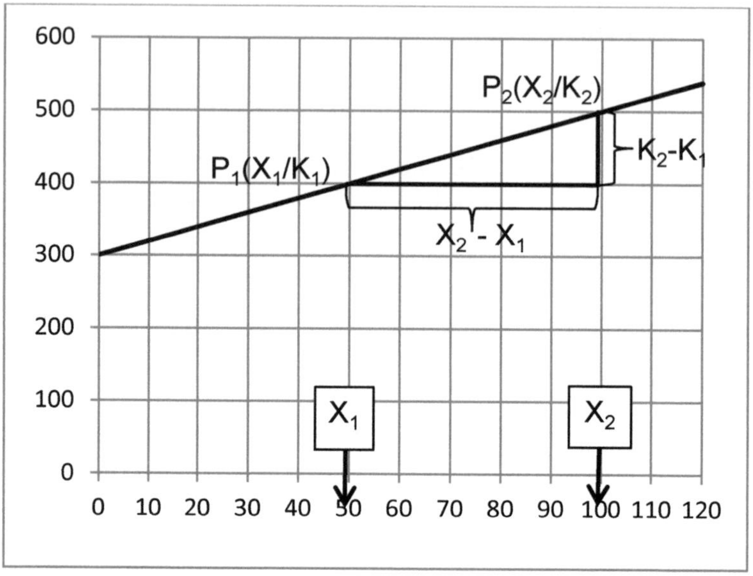

Man zeichnet in ein Koordinatensystem auf die y-Achse die Kosten und auf die x-Achse die Ausbringungsmenge ein. Man trägt dann die zwei Punkte $P_1(X_1/K_1)$ und $P_2(X_2/K_2)$ ein und verbindet die beiden Punkte und verlängert die Kurve bis zur y-Achse. Der Schnittpunkt mit der y-Achse zeigt die fixen Kosten, hier 300 €.

8.4 Kostenplanung und Kostenkontrolle (Überblick)[51]

In den Krankenhäusern werden alle Kosten auf Kostenstellen erfasst, sodass man für die Kostenplanung zweckmäßigerweise von Kostenstellen ausgeht, wobei man je Kostenstelle die Planung nach Kostenarten gliedert.

Die Planung der Leistungen ist Voraussetzung für die Kostenplanung, sodass in folgenden Teilschritten vorgegangen wird:

- Planung der Leistungen
- Planung der Personalkosten
- Planung der Sachkosten
- Planung der Kostenträgerkosten (Selbstkostenpreise)

Folgende **Methoden** der **Kostenplanung** können eingesetzt werden:

- Ableitung aus Vergangenheitswerten
- Schätzungen der Kostenstellenleiter
- Ableitung aus Werten und Erfahrungen anderer Betriebe
- Planung durch eigene Analysen und Berechnungen

Für Krankenhäuser werden in der Leistungsplanung zunächst die zukünftigen Fallzahlen geplant, differenziert nach Fachabteilungen. Es folgt dann die Planung der dazugehörigen Verweildauer. Daraus ergibt sich die Planungsgröße Pflegetage (Fallzahl × Verweildauer). Diese Größe ist bei der Planung der Kosten für die bettenführenden Abteilungen von Bedeutung. Die Planung der Betriebsleistungen (Diagnose und Therapie) der verschiedenen Medizinischen Institutionen lassen sich aus den geplanten DRGs herleiten. Die geplanten Leistungen sind dann Grundlage für die Kostenplanung.

Die Personalkosten werden je Kostenstelle und innerhalb der Kostenstelle nach Dienstarten geplant. Dabei ist die Planung zu trennen nach der Anzahl der eingesetzten Arbeitskräfte und nach der Bezahlung. Die Personalbedarfsplanung geht von den geplanten Leistungen aus. Bei einer Vollzeitkraft geht man von folgender Kapazität aus: tarifliche Arbeitszeit (z.B. 7,7 Stunden pro Tag) × Soll-Arbeitstage (z.B. 250). Von dem Ergebnis wird noch die Ausfallzeit abgezogen.

[51] Siehe auch Hentze, Joachim und Kehres, Erich: Kosten- und Leistungsrechnung in Krankenhäusern, 5. Auflage, Stuttgart 2008, Seite 172 uff.

Beispiel Planung Arbeitsstunden pro Arbeitskraft

Tage pro Jahr	365
Samstage	-52
Sonntag	-52
Wochenfeiertage	-11
Soll-Arbeitstage	250

250 Tage × 7,7 Stunden pro Tag	=	1925	Stunden pro Jahr
minus 15 % Ausfall	=	289	Stunden pro Jahr
Ergebnis	=	1636	Stunden pro Jahr

Die Kosten ergeben sich dann aus der geplanten Menge × Preis (laut Tarifvertrag). Der Personalkostenplanung kommt insofern besondere Bedeutung zu, weil der Anteil der Personalkosten an den Gesamtkosten nahezu 70 % beträgt.

Bei der Planung der Sachkosten steht für Krankenhäuser vor allem der medizinische Bedarf (ca. 16 % der Gesamtkosten) im Mittelpunkt. Die Sachkosten werden je Kostenstelle und Kostenart geplant.

Eine Kostenplanung macht keinen Sinn, wenn man nicht eine **Kostenkontrolle** durchführt. Man spricht auch von einem **Soll-Ist-Vergleich**. Es werden Ist- und Soll-Kosten miteinander verglichen. Bei Abweichungen wird man eine Analyse durchführen, um die Ursachen der Abweichungen festzustellen, um gegebenenfalls zu reagieren. Die wichtigsten Gründe für Abweichungen sind: Preisveränderungen, Verbrauchsänderungen und Beschäftigungsabweichungen.

8.5 Deckungsbeitragsrechnung

Die Deckungsbeitragsrechnung gehört zur Teilkostenrechnung. Die Gesamtkosten (K) werden in fixe Kosten (K_f) und in variable Kosten (K_v) aufgeteilt.[52]

Zieht man von den Erlösen die variablen Kosten ab und sind die Erlöse größer als die variablen Kosten, dann ergibt sich ein Überschuss zur Deckung der fixen Kosten.

Erlöse (E)
minus variable Kosten (K_v)
= **Deckungsbeitrag** (DB)

$$E - K_v = DB$$

Für eine Stückbetrachtung gilt:

$$e - k_v = db$$

Beispiele sollen diesen Sachverhalt verdeutlichen.

Beispiel Deckungsbeitrag (1)

$E =$ 500.000 €
$K_v =$ 150.000 €
$K_f =$ 300.000 €

$E - K_v = DB$ ⇨ 500.000 € – 150.000 € = 350.000 € (DB)

Der Deckungsbeitrag (DB) in Höhe von 350.000 € reicht aus, um die fixen Kosten in Höhe von 300.000 € zu decken.

$DB - K_f = G$ (= Gewinn) ⇨ 350.000 € – 300.000 € = 50.000 € Gewinn (G)

[52] Siehe Kostenauflösung, Seite 184

Beispiel Deckungsbeitrag (2)

$E = 200.000$ €
$K_v = 150.000$ €
$K_f = 100.000$ €

$E - K_v = DB$ ⇨ 200.000 € – 150.000 € = 50.000 € (DB)

Der Deckungsbeitrag (DB) in Höhe von 50.000 € reicht nicht aus, um die fixen Kosten in Höhe von 100.000 € zu decken.

$DB - K_f = V$ (= Verlust) ⇨ 50.000 € – 100.000 € = - 50.000 € Verlust (V)

Beispiel Deckungsbeitrag (3)

Gesamtkosten (K) .... 1.100 €
Erlöse (E) .... 840 €
Output .... 120 Stück
Kapazitätsgrenze .... 500 Stück
Fixe Kosten (K_f) .... 500 €

$K - K_f = K_v$ ⇨ 1.100 € – 500 € = 600 € (K_v)
$E - K_v = DB$ ⇨ 840 € – 600 € = 240 € (DB)
$DB - K_f = G$ oder V ⇨ 240 € – 500 € = -260 € (V)

Die Kapazität ist noch nicht voll ausgenutzt (nur 120 von 500 Stück), sodass sich die Frage erhebt, ob eine bessere Auslastung der Kapazität den Erfolg verbessern könnte.

Gefragt ist die Menge (Output), die weder einen Gewinn noch einen Verlust erbringt. Damit kommt man zu einem neuen Abschnitt, dem Break-even-Point.

64. Aufgabe

Ein Betrieb produziert medizinische Geräte. Ein Produkt weist in einem Quartal einen negativen Deckungsbeitrag von -5.000 € aus. Stellen Sie fest, welcher Vorgang diesen Sachverhalt richtig wieder gibt.

a) Erlöse < Fixkosten
b) Erlöse > Fixkosten
c) Erlöse < Gesamtkosten
d) Erlöse > variable Kosten
e) Erlöse < variable Kosten

65. Aufgabe

Welche der nachstehenden Aussagen ist richtig?

a) Negative Deckungsbeiträge sind für die Beurteilung eines Produkts bedeutungslos.
b) Ein Produkt, das langfristig negative Deckungsbeiträge aufweist, sollte man vom Markt nehmen.
c) Negative Deckungsbeiträge decken immerhin noch einen Teil der fixen Kosten.
d) Eine Verringerung der Fixkosten ist ein bewährtes Mittel zur Verbesserung des Deckungsbeitrags.

8.6 Break-even-Point

Wenn die Kapazität eines Betriebes nicht voll ausgenutzt ist, stellt sich die Frage, ob man durch ein Mehr an Leistungen (oder Produkten) die Erfolgssituation verbessern kann. Die Frage könnte lauten, ab welcher Ausbringungsmenge (Output) werden Gewinne erzielt. Man fragt danach, bei welcher Menge sind die Erlöse gleich den Kosten, also E = K. Diesen Punkt bezeichnet man als **Break-even-Point**. [53]

Da nach einer Menge (x) gefragt ist, muss die Gleichung E = K entsprechend differenzierter dargestellt werden. E ist gleich der Menge (x) multipliziert mit dem Preis pro Einheit (p). Die Kosten setzten sich zusammen aus den fixen Kosten (K_f) und den variablen Kosten (K_v). Die variablen Kosten sind in ihrer Höhe abhängig von der Menge (x), die hergestellt wird. Daraus ergibt sich folgende Gleichung:

$$p \times x = K_f + k_v \times x$$

Da die Menge gesucht ist, bei der E – K = 0 ist, gilt

$$p \times x - K_f - k_v \times x = 0$$
$$p \times x - k_v \times x = K_f$$
$$x\,(p - k_v) = K_f$$

$$\boxed{\frac{K_f}{p - k_v} = x}$$

und da $p - k_v$ = db (Deckungsbeitrag pro Stück) ist, ergibt sich folgende Formel zur Berechnung der Menge, bei der weder ein Gewinn noch ein Verlust entsteht:

$$\boxed{\frac{K_f}{db} = x}$$

Die Menge, bei der weder ein Gewinn noch ein Verlust entsteht, nennt man die **Break-even-Menge**.

[53] Für den Begriff Break-even-Point gibt es verschiedene deutsche Ausdrücke: Gewinnschwelle, Nutzenschwelle, Toter Punkt, kritischer Punkt, Kostendeckungspunkt.

Beispiel Break-even-Point

Ausgangspunkt sind die Daten aus dem Beispiel Deckungsbeitrag (3)

Selbstkosten (K) .... 1.100 €
Erlöse (E) .... 840 €
Output .... 120 Stück
Kapazitätsgrenze .... 500 Stück
Fixe Kosten (K_f) .... 500 €

Es soll die Break-even-Menge berechnet werden.

840 : 120 = 7,00 € pro Stück (p)
600 : 120 = 5,00 € pro Stück (k_v)
7,00 – 5,00 = 2,00 € pro Stück (db)

$$\frac{K_f}{db} = x \quad \Rightarrow \quad \frac{500}{2} = 250$$ Break-even-Menge

Kontrolle

250 × 7 = 1.750 (E)
250 × 5 = 1.250 (K_v)
$K = K_v + K_f \Rightarrow 1.250 + 500 = 1.750$ (K)
Bei der Menge x = 250 ist E = K

Ab einem Output von mehr als 250 Stück kommt der Betrieb in die Gewinnzone. Dieser Sachverhalt soll auf der nächsten Seite graphisch dargestellt werden.

Output	Erlöse	variable Kosten	fixe Kosten	Gesamt-kosten	Erfolg Gewinn/Verlust
0	0	0	500	500	-500
50	350	250	500	750	-400
100	700	500	500	1000	-300
150	1050	750	500	1250	-200
200	1400	1000	500	1500	-100
250	**1750**	**1250**	**500**	**1750**	**0**
300	2100	1500	500	2000	100
350	2450	1750	500	2250	200
400	2800	2000	500	2500	300
450	3150	2250	500	2750	400
500	3500	2500	500	3000	500

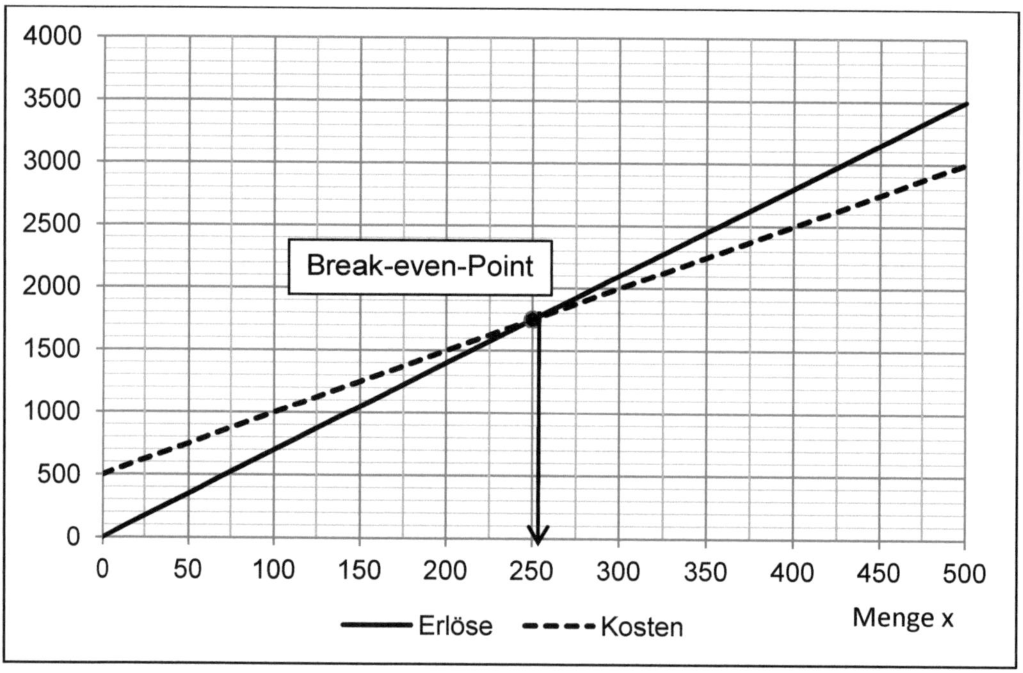

Links vom Break-even-Point sind die Kosten höher als die Erlöse; von 0 bis 249 befindet sich der Betrieb in der Verlustzone. Rechts vom Break-even-Point sind die Erlöse höher als die Kosten, sodass der Betrieb ab 251 Stück in die Gewinnzone kommt.

Das Beispiel soll auch als Stückbetrachtung gezeigt werden.

Output	Erlöse pro Stück	variable Kosten pro Stück	fixe Kosten pro Stück	Gesamtkosten pro Stück
0	7	0	500	500
50	7	5	10	15
100	7	5	5	10
150	7	5	3,3	8,3
200	7	5	2,5	7,5
250	**7**	**5**	**2**	**7**
300	7	5	1,7	6,7
350	7	5	1,4	6,4
400	7	5	1,3	6,3
450	7	5	1,1	6,1
500	7	5	1	6

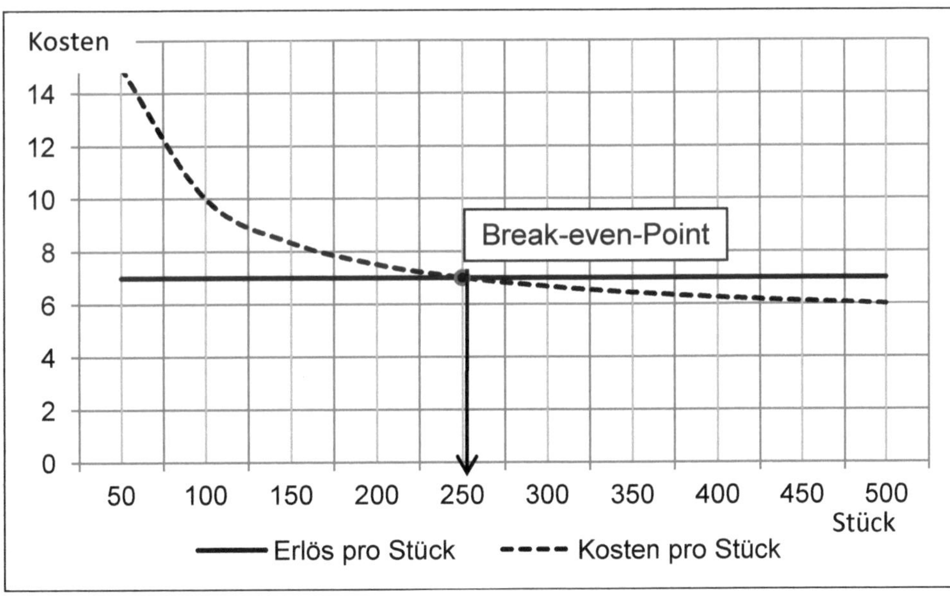

66. Aufgabe

Eine Augenoperation erwirtschaftet einen Gewinn. Eine steigende Anzahl dieser Operation führt zu einer Erhöhung des Gesamtgewinns. Worauf ist dieser Sachverhalt zurückzuführen? Kreuzen Sie den richtigen Sachverhalt an.

a) Die variablen Kosten pro Operation sinken.
b) Die fixen Kosten pro Operation sinken.
c) Die Gesamtkosten steigen.
d) Die Erlöse pro Operation steigen.

67. Aufgabe

Die Bettenauslastung einer Pflegeeinrichtung kann verbessert werden.

a) Welche Auswirkung hat das auf die Personalkosten insgesamt und bezogen auf den einzelnen Bewohner bzw. die einzelne Bewohnerin bei einer kurzfristigen Betrachtung?
b) Welche Auswirkung hat das auf die Lebensmittelkosten insgesamt und je Bewohner?

68. Aufgabe

Es liegen folgende Informationen für die Kalkulation einer bestimmten Operation vor:

Anschaffungskosten eines Lasergerätes: ..... 580.000 €
Nutzungsdauer: .... 5 Jahre
Geplante Anzahl der Operationen: .... 250 pro Jahr
Erlöse pro Operation: .... 1630 €

Fortsetzung nächste Seite

Fortsetzung

Kosten pro Operation:

Arzthonorar: .... 290 €
Kosten für Schwestern: .... 100 €
Medizinischer Bedarf: .... 5 €
Sonstige fixe Kosten: .... 500 €
Zinsen .... 130 €

a) Wie hoch sind die Kosten pro Operation, wenn noch eine lineare Abschreibung zu berücksichtigen ist?
b) Wie hoch ist der Gewinn/Verlust einer Operation?
c) Wie hoch wäre der Gewinn/Verlust bei 400 Operationen?

69. Aufgabe

Der Hersteller von Heilwasser verkauft im Durchschnitt pro Quartal 60.000 Flaschen zum Nettoverkaufspreis von 3,50 €. Die Gesamtkosten belaufen sich hierfür auf 170.000 €; darin enthalten sind fixe Kosten in Höhe von 45.000 €.

a) Wie hoch ist der Stückgewinn pro Quartal?
b) Wie hoch sind die variablen Stückkosten?
c) Wider Erwarten wurden nicht 60.000 Flaschen verkauft, sondern nur 45.000. Wie hoch ist jetzt der Gewinn insgesamt und pro Flasche?
d) Ermitteln Sie die Break-even-Menge.

70. Aufgabe

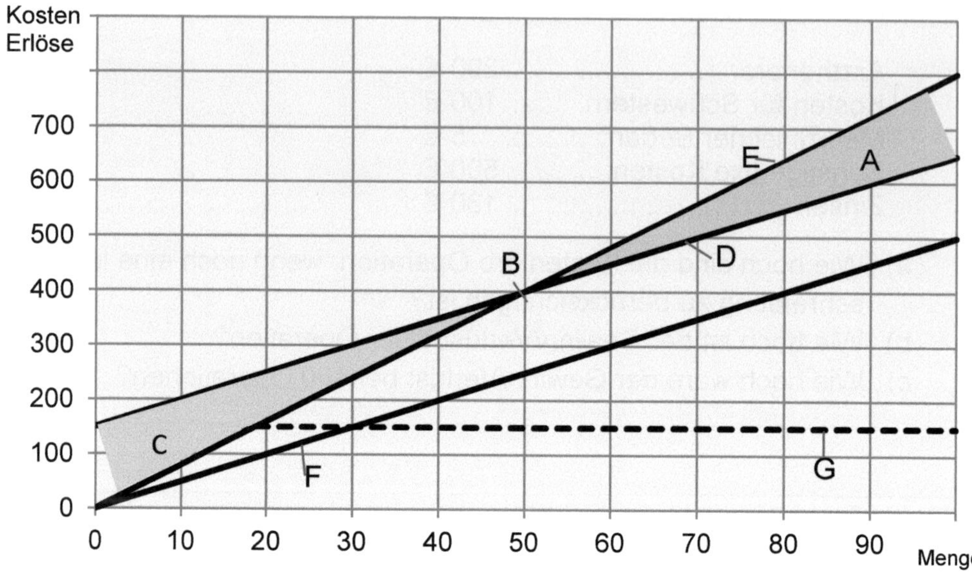

Ordnen Sie die nachstehenden Begriffe den Buchstaben (A bis G) zu: Gesamtkosten, Erlöse, Variable Kosten, fixe Kosten, Gewinnzone, Verlustzone, Break-even-Point

71. Aufgabe

Kennzeichnen Sie mit den Buchstaben die Kurven bzw. Punkte:

X = Leistungsmenge
k_v = variable Kosten pro Stück
B = Break-even-Point
db = Deckungsbeitrag pro Stück

k = Gesamtkosten pro Stück
p = Preis
x_B = Break-even-Menge

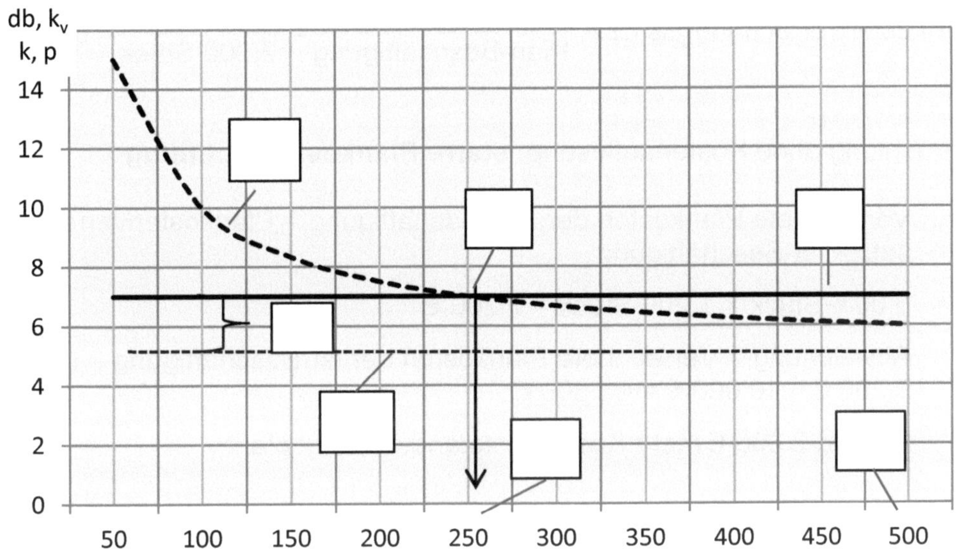

8.7 Plankostenrechnung *

Beispiel

	Plan	Ist
Beschäftigung	2.000 Stück	1.200 Stück
Kosten	12.000 €	10.000 €

$$\text{Plankostenverrechnungssatz} = \frac{\text{Plankosten}}{\text{Plan-Beschäftigung}} = \frac{12.000\ €}{2.000\ \text{Stück}} = 6\ €/\text{Stück}$$

Betrachtung ohne Kostenauflösung: **starre Plankostenrechnung**

Verrechnete Plankosten der Ist-Beschäftigung = Plankostenverrechnungssatz × Ist-Beschäftigung

6,00 €/Stück × 1.200 Stück = 7.200 €

Abweichung = Verrechnete Plankosten der Ist-Beschäftigung – Istkosten = 7.200 € – 10.000 € = - 2.800 €

Es sind 2.800 € mehr Kosten entstanden als geplant.

Der Plankostenverrechnungssatz berücksichtigt die Gesamtkosten, also fixe und variable Kosten und dividiert sie durch die geplante Beschäftigung. Das Ergebnis ist ein proportionaler Kostenverrechnungssatz.

Tatsächlich stecken aber in den geplanten Kosten auch fixe Kostenanteile. Bei der Abweichungsanalyse können verschiedene (nicht im Einzelnen erkennbare) Gründe für die Abweichung vorliegen: Veränderung der Beschäftigung und/oder eine Veränderung der Verbrauchs und/oder durch eine Veränderung der Preise der eingesetzten Produktionsmittel.

Dieser Nachteil wird durch die **Grenzplankostenrechnung** beseitigt. Dazu ist es aber erforderlich, die Kosten in fixe und variable Kosten aufzuteilen (**Kostenauflösung**). Geht man davon aus, dass die Fixkosten und die Preise in der Planung und bei der „Ist"-Betrachtung gleich sind, so sind Abweichungen nur noch auf Verbrauchsabweichungen zurückzuführen.

Obiges Beispiel wird erweitert:

	Plan	Ist
Beschäftigung	2.000 Stück	1.200 Stück
Kosten, davon	12.000 €	10.000 €
- Fixkosten	4.000 €	4.000 €
- variable (proportionale) Kosten	8.000 €	6.000 €

Plankostenverrechnungssatz =

$$\frac{\text{geplante proportionale Kosten}}{\text{Plan-Beschäftigung}} = \frac{8.000\ €}{2.000\ \text{Stück}} = 4{,}00\ €/\text{Stück}$$

Sollkosten =

Plankostenverrechnungssatz × Ist-Beschäftigung + Fixkosten =
4 €/Stück × 1.200 Stück + 4.000 € = 8.800 €

Verbrauchsabweichung =

Sollkosten – Istkosten = 8.800 € – 10.000 € = <u>- 1.200 €</u>

Es sind mehr Kosten durch Verbrauchsänderungen entstanden als geplant.

Es waren 2.000 Stück geplant. Es wurden aber nur 1.200 Stück hergestellt. Die Auslastung war folglich nur 60 % (1200 : 2000 × 100).

Die angenommenen Fixkosten in Höhe von 4.000 € wurden nur zu 60 % genutzt, sodass 2.400 € Nutzkosten und <u>1.600 €</u> Leerkosten (wegen Beschäftigungsabweichung) darstellen.

Fasst man beide Berechnungsmethoden zusammen, dann spricht man von einer **flexiblen Plankostenrechnung**, die zu denselben Ergebnissen führt wie hier dargestellt.

		Abweichung
Istkosten	10.000 €	1.200 € Verbrauchs- abweichung
Sollkosten 8.000 : 2.000 × 1.200 + 4.000 =	8.800 €	1.600 € Beschäftigungs- abweichung
Verrechnete Plankosten der Ist-Beschäftigung 12.000 : 2.000 × 1.200 =	7.200 €	
	Summe	2.800 €

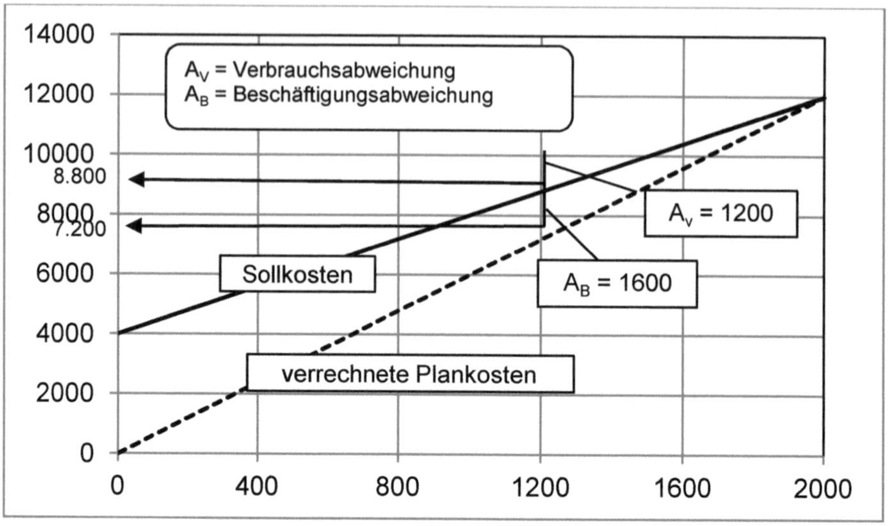

Dieser Sachverhalt wird hier noch einmal anders dargestellt:

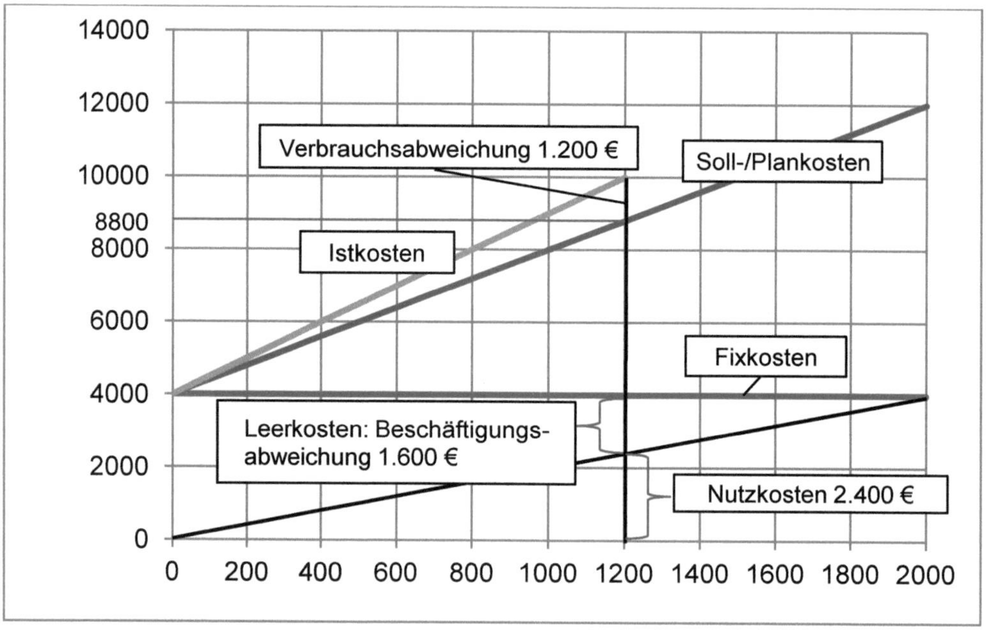

9 Verschiedene Aufgaben

72. Aufgabe

Ordnen Sie die nachstehenden Konten den nachstehenden Begriffen des Rechnungswesens zu: (Mehrfachnennungen sind möglich)

Konto-Nr.	Konto
1200	Kasse
6000	Löhne und Gehälter
7800	Betriebsfremde Aufwendungen
0600	Einrichtungen und Ausstattungen
4100	Erlöse aus Pflegeleistungen
3100	Verbindlichkeiten gegenüber Kreditinstituten
4130	Erlöse aus Unterkunft und Verpflegung
6500	Lebensmittelverbrauch

Begriffe des Rechnungswesens:

- Kosten:...
- Neutraler Aufwand: ....
- Leistungen: ....
- Bestandskonto: ....

73. Aufgabe

Die Informationen entnehmen Sie bitte der Aufgabe 76.

Ermitteln Sie die verfügbare Bettenzahl für das Jahr 2003, wenn im Jahre 2003 im Durchschnitt 112 Betten belegt waren.

74. Aufgabe

Vergleichen Sie die Preise zweier stationärer Pflegeeinrichtungen und berechnen Sie, um wie viel % der Eigenanteil der Einrichtung B teurer ist als der der Einrichtung A.

Einrichtung A

2.560,00 €	
- 1.432,00 €	Pauschale

Einrichtung B

2.670,00 €	
- 1.432,00 €	Pauschale

75. Aufgabe

Ausgangspunkt ist die Kostenstruktur auf Seite 56.
Die Gesamtkosten betrugen im Jahre 2010 16.000.000 €.

a) Ermitteln Sie die Personalkosten in €.
b) Der Anteil der Personalkosten für den Pflegedienst betrug 2010 35 % der Personalkosten. Ermitteln Sie die Personalkosten des Pflegedienstes.
c) Der Anteil der Personalkosten für die Ärzte betrug 2010 23 % der Personalkosten. Man rechnet für 2011 mit einer tariflichen Erhöhung von 4 %. Kalkulieren Sie die Personalkosten für die Ärzte für 2011.
d) Die Ausgaben für Arzneimittel sind 2010 um 45.000 € auf 540.000 € gestiegen. Berechnen Sie die prozentuale Steigerung.

76. Aufgabe

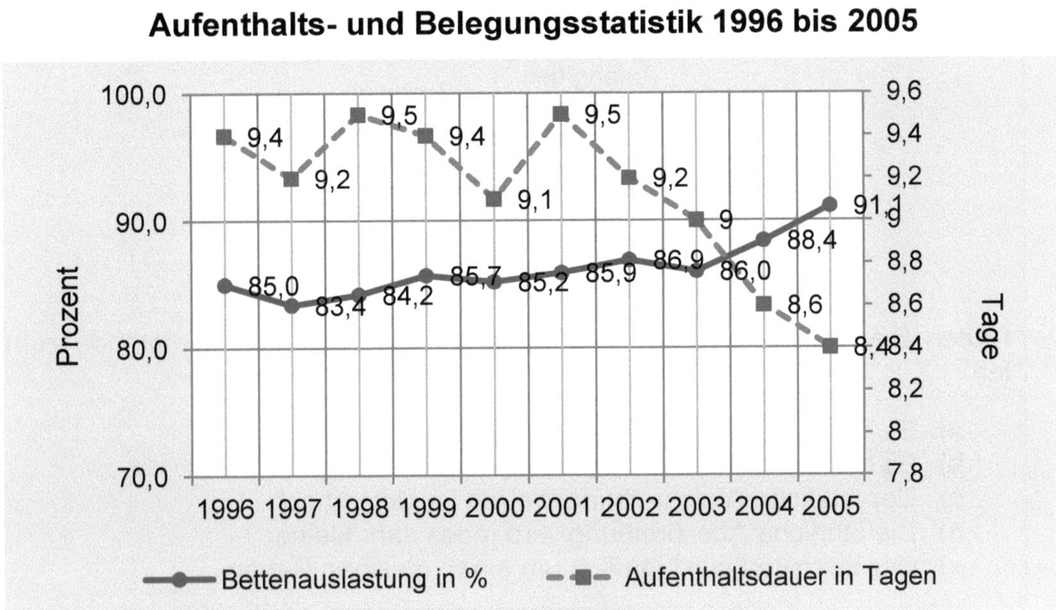

Welche Aussagen sind der Grafik zu entnehmen?
Kreuzen Sie die richtige(n) Aussage(n) an.

a) Die Bettenauslastung hat von 1996 bis 2005 kontinuierlich zugenommen.
b) Die Aufenthaltsdauer verringerte sich von 2001 bis 2005 um nahezu einen Tag.
c) Die Aufenthaltsdauer ist in den vergangenen 10 Jahren kontinuierlich gesunken.
d) Die Bettenauslastung hat von 2003 bis 2006 um 5,1 %-Punkte zugenommen.
e) Die Fallzahl ist in den Jahren 2004 und 2005 gestiegen.
f) Die Fallzahl blieb in den Jahren 2004 und 2005 unverändert.

77. Aufgabe

Folgende Abschreibungstabelle liegt Ihnen vor:

Anfang des Jahres	Buchwert
2005	12.400
2006	9.920
2007	7.440
2008	4960
2009	2480

Prüfen Sie, welche Aussagen hinsichtlich der Abschreibungsmethode zutreffen!

a) Es handelt sich um eine degressive Abschreibung.
b) Es handelt sich um eine lineare Abschreibung.
c) Der jährliche Abschreibungsbetrag ist gleich hoch.
d) Die jährliche Abschreibung wird jedes Jahr kleiner.
e) Der Buchwert sinkt jährlich um einen gleichen Betrag.

78. Aufgabe

Kalkulieren Sie die tägliche Leihgebühr für einen Fernseher, wenn Sie von folgenden Annahmen ausgehen: (Runden Sie das Ergebnis auf volle 10er Cent)

Anschaffungskosten pro Flachbildschirm: 1.000,00 €
Nutzungsdauer laut AfA-Tabelle: 7 Jahre
Geschätzte Nutzungsdauer: 5 Jahre
Wiederbeschaffungskosten nach 5 Jahren: 900,00 €
Kalkulatorische Zinsen von den Anschaffungskosten: 6 % p.a.

79. Aufgabe

Berechnen Sie die durchschnittliche Verweildauer (VWD) für die Jahre 2008, 2009 und 2010.

	2008	2009	2010
Patientendurchlauf	15.300	15.200	14.400
Berechnungstage	125.700	126.200	120.000

80. Aufgabe

Die eingesetzten Fahrzeuge werden sowohl für die ambulante Pflege als auch für den Bereich „Essen auf Rädern“ eingesetzt.

Fahrzeugkosten	in €
Kraftstoff, Versicherung u.a.	250.000
Abschreibungen	40.000
Wartung, Reparaturen	14.000
Summe	304.000
Gefahrene Kilometer	
Kostenstelle “Ambulanter Dienst”	255.011
Kostenstelle “Essen auf Rädern”	55.194

a) Ermitteln Sie einen Verrechnungspreis pro gefahrenen km (4 Stellen rechts vom Komma).

b) Welcher Kostenanteil in € wird der Kostenstelle „Ambulanter Dienst“ und welcher Anteil der Kostenstelle „Essen auf Rädern“ zugerechnet?

81. Aufgabe

		geleistete Stunden im Monat			
Team	Stundensatz	Stufe 1	Stufe 2	Stufe 3	Summe
1	28,5714	420	370	220	
2	29,1150	105	208	460	
3	27,1217	87	415	167	
	Summe				

Personalschlüssel
Pflegestufe 1 1:4,3
Pflegestufe 2 1:2,53
Pflegestufe 3 1:1,79

a) Wie viel Arbeitskräfte (Vollzeitkräfte) wurden jeweils in den Teams beschäftigt, wenn eine Vollzeitkraft im Monat 169,4 Stunden arbeitet? (2 Stellen rechts vom Komma)
b) Wie viel Arbeitskräfte (Vollzeitkräfte) wurden jeweils pro Pflegestufe eingesetzt (pro Monat 169,4 Stunden)? (2 Stellen rechts vom Komma)
c) Berechnen Sie die Anzahl der Bewohner je Pflegestufe und gesamt. (2 Stellen rechts vom Komma)
d) Wie hoch sind die Personalkosten je Pflegestufe und gesamt?

82. Aufgabe

Berechnungstage	variable Kosten	Gesamtkosten	Einnahmen
0	0	1.000.000	0
4.000	200.000	1.200.000	360.000
8.000	400.000	1.400.000	720.000
12.000	600.000	1.600.000	1.080.000
16.000	800.000	1.800.000	1.440.000
20.000	1.000.000	2.000.000	1.800.000
24.000	1.200.000	2.200.000	2.160.000
28.000	1.400.000	2.400.000	2.520.000
32.000	1.600.000	2.600.000	2.880.000
36.000	1.800.000	2.800.000	3.240.000
40.000	2.000.000	3.000.000	3.600.000

Fortsetzung nächste Seite

Fortsetzung

a) Erstellen Sie eine graphische Darstellung der vorstehenden Tabelle.
   x-Achse: 1 cm = 4.000 Berechnungstage
   y-Achse: 1,5 cm = 500.000 €
b) Bestimmen Sie zeichnerisch und rechnerisch die Break-even-Menge.
c) Was bedeutet der Break-even-Point?
d) Beschreiben Sie kurz die Situation bei einer Auslastung von 34.000 Pflegetagen.

83. Aufgabe

Eine mit einer Fallpauschale abzurechnende Leistung wurde 100mal im Jahr erbracht.
Der Erlös pro Leistung beträgt 2.300 €.
Die Vollkosten dieser Leistung belaufen sich auf 1.900 €.
Die variablen Kosten pro Leistung betragen 1.100 €.
Die Fixkosten werden mit 80.000 € ausgewiesen.

a) Berechnen Sie den Gewinn bzw. Verlust.
b) Berechnen Sie den Deckungsbeitrag pro Leistung und gesamt.
c) Berechnen Sie die Menge am Break-even-Point.

84. Aufgabe

Ein Krankenhaus hatte im Jahre 2009 folgende Fälle:

4.000 Fälle mit einem Relativgewicht von 0,8
5.000 Fälle mit einem Relativgewicht von 1,1
6.000 Fälle mit einem Relativgewicht von 1,5
2.000 Fälle mit einem Relativgewicht von 2,1

Das Budget des Krankenhauses betrug 72.000.000 €.

Fortsetzung nächste Seite

Fortsetzung

Berechnen Sie

a) den Case-Mix,
b) den Case-Mix-Index (4 Stellen nach dem Komma) und
c) die Base-Rate (gewichteter Fallpreis) (ohne Kommastelle) des Krankenhauses.

85. Aufgabe

Kostenstelle Labor
Folgende Jahreszahlen liegen vor:
Fixe Personalkosten: 437.500 €
Abschreibungen: 400.000 €
Fixe Wartungskosten: 80.000 €
Arbeitsstunden: 12.500 Stunden
Leistungen: 15.000.000 Punkte
variable Kosten je Laborpunkt: 0,0095 €

a) Berechnen Sie die Fixkosten.
b) Berechnen Sie die Gesamtkosten je Laborpunkt.
c) Berechnen Sie die Personalkosten pro Stunde.
d) Berechnen Sie die Kosten je Punkt, wenn ein anderes Krankenhaus folgenden Auftrag in Aussicht stellt: 500.000 Punkte. Um diesen Auftrag zu erfüllen, müssen allerdings 300 Überstunden geleistet werden. Die Überstunden werden mit 25 % Aufschlag vergütet.

86. Aufgabe

Eine mit einer Fallpauschale abzurechnende Leistung wurde 300mal im Jahr durchgeführt. Der Erlös pro Leistung beträgt 6.000 €. Die Vollkosten belaufen sich auf 5.000 €. Die variablen Kosten sind 3.000 € pro Leistung.

Fortsetzung nächste Seite

Fortsetzung

Berechnen Sie jeweils für die einzelne Fallpauschale (Leistung) und für 200 Fallpauschalen

a) den Gewinn bzw. Verlust,
b) den Deckungsbeitrag und
c) die fixen Kosten.

87. Aufgabe

Eine Einrichtung will überprüfen, ob die Speisenversorgung selbst oder durch einen externen Lieferanten (Catering) günstiger ist. Berechnen Sie den Kostenvorteil. Der externe Lieferant verlangt 4,10 € pro Mahlzeit. Die Einrichtung kalkuliert mit folgenden Zahlen: (Jahreszahlen)

Lebensmittelkosten	250.000 €
Personalkosten Küche	175.000 €
Abschreibungen	75.000 €
Sonstige Kosten	48.000 €
geplante Anzahl der Mahlzeiten	120.000 Stück

88. Aufgabe

Informationen:
Belegung einer stationären Pflegeeinrichtung:

30 % Pflegestufe I
50 % Pflegestufe II
20 % Pflegestufe III

Der Arbeitsaufwand für die Pflege wird über Äquivalenzziffern bewertet:

Pflegestufe I: 0,6
Pflegestufe II: 1,0
Pflegestufe III: 2,2

Fortsetzung nächste Seite

Fortsetzung

Im Bereich der Pflege fallen jährlich 15.000 Arbeitsstunden an; die Personalkosten hierfür liegen bei 672.000 €.

Berechnen Sie

a) die mit Äquivalenzziffern gewichteten Stunden je Pflegestufe,
b) den mit Äquivalenzziffern gewichteten Stundensatz je Pflegestufe,
c) die gewichteten Kosten der einzelnen Pflegestufen.

89. Aufgabe

Folgende Information liegen Ihnen für das Jahr 2010 vor:

Anzahl der Betten: 130
Pflegetage: 38.220
Aufnahmen: 5.220
Entlassungen: 5.300

a) Wie hoch ist hier die Fallzahl?
b) Wie hoch ist die prozentuale Auslastung?
c) Wie viele Tage betrug die Verweildauer der Patienten?

90. Aufgabe

Für die Weiterbildung von 10 Mitarbeitern/Mitarbeiterinnen an 5 Tagen stehen zwei Möglichkeiten zur Verfügung:

1. Die Fortbildung findet im eigenen Haus statt: Kosten insgesamt 10.000 €
2. Die Fortbildung wird von einer externen Institution durchgeführt, wobei folgende Kosten anfallen:

Fortsetzung nächste Seite

Fortsetzung

Fahrzeit je Tag 1,2 Stunden bei einem Stundensatz von 26,30 € je Mitarbeiter
Fahrtkosten je Teilnehmer und Tag 8,50 €
Seminarkosten je Mitarbeiter 680 €

a) Berechnen Sie die Kosten je Teilnehmer
   - für die im eigenen Haus stattfindende Fortbildung,
   - für die extern stattfindende Fortbildung.
b) Bei welcher Anzahl von Mitarbeitern wäre eine Fortbildung im eigenen Haus günstiger?

91. Aufgabe

Eine stationäre Pflegeeinrichtung verfügt über 80 Betten, die im Jahr (365 Tage) durchschnittlich zu 100 % belegt sind.

Die Betten verteilen sich nach Pflegestufen wie folgt:
Pflegestufe I: 25 %, Pflegestufe II: 45 %, Pflegestufe III: 30 %.

Erlöse:
Pflegestufe I: 75 €, Pflegestufe II: 95 €, Pflegestufe III: 130 € pro Belegungstag.

Man rechnet mit variablen Kosten für jeden Bewohner in Höhe von 18 € je Belegungstag.

Die fixen Kosten liegen bei 2.200.000 €.

Berechnen Sie

a) die Erlöse des Pflegeheimes pro Jahr, gegliedert nach Pflegestufen,
b) die Deckungsbeiträge je Pflegestufe und Jahr,
c) den Gewinn der Einrichtung pro Jahr.

Fortsetzung nächste Seite

Fortsetzung

Für das nächste Jahr sind Umbauarbeiten geplant, was zu einem Rückgang der Belegung führen wird. Man rechnet mit einer Belegung für die Pflegestufe I mit 20 %, für die Pflegestufe II mit 40 % und für die Pflegestufe III mit 20 % (jeweils bezogen auf die 80 Betten).

Berechnen Sie

d) den zu erwartenden Erlös für das kommende Jahr,
e) die Herabsetzung der Fixkosten für ein ausgeglichenes Betriebsergebnis.

92. Aufgabe

Informationen:

Ambulanter Pflegedienst, Dienstwagen

Fixe Kosten:

Anschaffungskosten 16.000 € bei einer Nutzungsdauer von 5 Jahren
Kosten für Steuern und Versicherung pro Jahr 2.200 €
Sonstige jährliche Fixkosten 1.200 €

Variable Kosten:

Verbrauch 6,5 l auf 100 km, Kosten pro Liter 1,59 €
Verschleiß pro 100 km 5,50 €

a) Berechnen Sie (mit 3 Stellen hinter dem Komma)
   (1) die Fixkosten pro Jahr,
   (2) die variablen Kosten pro km,
   (3) die Gesamtkosten im Jahr bei 15.000 km und bei 25.000 km Fahrleistung,
   (4) die Kosten je km bei 15.000 km und bei 25.000 km Fahrleistung.
b) Warum sind die Kosten bei 25.000 km Fahrleistung je km günstiger als bei 15.000 km?

93. Aufgabe

Die Personalkosten des ärztlichen Dienstes der Chirurgie belaufen sich auf 1.350.000 € pro Jahr. Dabei werden 750.000 Minuten operiert.

a) Wie hoch sind die Kosten pro OP-Minute?
b) Wie hoch sind die OP-Kosten für den Patienten A, der von 2 Ärzten 15 Minuten operiert wurde?
c) Wie hoch sind die OP-Kosten für den Patienten B, der von 3 Ärzten 60 Minuten operiert wurde?

94. Aufgabe

Informationen

Pflegeheim mit 100 Betten
Fixe Kosten pro Jahr: 2.856.000 €
Variable Kosten pro Bett und Tag: 25 €
Erlös pro Bett und Tag: 110 €.

a) Bei wie vielen Pflegetagen ist der Break-even-Point erreicht?
b) Wie viele Pflegetage sind notwendig, um einen Gewinn von 102.000 € im Jahr zu erzielen?
c) Berechnen Sie den Auslastungsgrad in Prozenten am Break-even-Point?

95. Aufgabe

Verteilen Sie die Kosten der Vorkostenstellen auf die Hauptkostenstellen und ermitteln Sie das Gesamtergebnis. (Tragen Sie nur gerundete ganzen Zahlen ein)

Erlöse und Kosten	Gesamtkosten	Vorkostenstellen			Hauptkostenstellen	
		Gebäude	Leitung Verwaltung	Küche	Station 1	Station 2
Erlöse	8.102.000			122.000	4.120.000	3.860.000
Personalkosten						
Leitung/Verw.	421.000		421.000			
Pflegedienst	4.000.000				2.200.000	1.800.000
Hauswirtschaft	615.000			615.000		
Technischer Dienst	150.000	100.000		50.000		
Sachkosten						
Pflegebedarf	124.000				64.000	60.000
Lebensmittel	1.712.000			1.712.000		
Reinigung	470.000	400.000		70.000		
Finanzierungskosten	334.000	334.000				
Ergebnis 1	+276.000	-834.000	-421.000	-2.325.000	+1.856.000	+2.000.000
Umlage m^2		m^2	(180)	(170)	(1.800)	(1.600)
Umlage €						
Ergebnis 2						
Umlage Pflegetage				Pflegetage	(50.000)	(33.000)
Umlage €						
Umlage Mahlzeiten				Mahlzeiten	(192.000)	(80.000)
Umlage €						
Gesamtergebnis						

10 Anhang

10.1 § 1 PBV – Anwendungsbereich

(1) Die Rechnungs- und Buchführungspflichten der Pflegeeinrichtungen richten sich nach dieser Verordnung, unabhängig davon, ob die Pflegeeinrichtung Kaufmann im Sinne des Handelsgesetzbuchs ist, und unabhängig von der Rechtsform der Pflegeeinrichtung. Rechnungs-, Buchführungs- und Aufzeichnungspflichten nach anderen Vorschriften bleiben unberührt.

(2) Pflegeeinrichtungen im Sinne dieser Verordnung sind

1. ambulante Pflegeeinrichtungen (Pflegedienste),
2. teilstationäre und vollstationäre Pflegeeinrichtungen,

mit denen ein Versorgungsvertrag nach dem Elften Buch Sozialgesetzbuch besteht (zugelassene Pflegeeinrichtungen). Erbringt eine zugelassene Pflegeeinrichtung neben Leistungen nach dem Elften Buch Sozialgesetzbuch andere Sozialleistungen im Sinne des Ersten Buches Sozialgesetzbuch (gemischte Einrichtung), so sind ihre Rechnungs- und Buchführungspflichten nach dieser Verordnung auf die Leistungen beschränkt, für die sie nach dem Elften Buch Sozialgesetzbuch als Pflegeeinrichtung zugelassen ist.

10.2 § 4 PBV – Jahresabschluß

(1) Der Jahresabschluß der Pflegeeinrichtung besteht aus:

1. der Bilanz, gegliedert nach Anlage 1,
2. der Gewinn- und Verlustrechnung, gegliedert nach Anlage 2, sowie
3. dem Anhang einschließlich des nach den Anlagen 3a und 3b gegliederten Anlagen- und Fördernachweises.

Der Jahresabschluß ist innerhalb von sechs Monaten nach Ablauf des Geschäftsjahres aufzustellen. Für die Aufstellung und den Inhalt des Jahresabschlusses gelten § 242, § 243 Abs. 1 und 2, die §§ 244 bis 256a, § 264 Abs. 2, § 265 Abs. 2, 5 und 8, § 268 Abs. 3, § 275 Abs. 4, § 277 Abs. 3 Satz 1 und Abs. 4, § 284 Abs. 2 Nr. 1 und 3 des Handelsgesetzbuchs sowie Artikel 24 Abs. 5 Satz 2 und Artikel 28, 42 bis 44 des Einführungsgesetzes zum Handelsgesetzbuch.

(2) Soweit ein Träger mehrere Pflegeeinrichtungen betreibt, die keine Vollkaufleute im Sinne des Handelsgesetzbuchs sind, kann er diese in einem Jahresabschluß zusammenfassen. Dabei ist der Anlagen- und Fördernachweis nach den Anlagen 3a und 3b für jede Pflegeeinrichtung gesondert zu erstellen. § 7 bleibt unberührt.

(3) Bei gemischten Einrichtungen im Sinne des § 1 Abs. 2 Satz 2 kann der Träger

1. einen auf die Leistungen nach dem Elften Buch Sozialgesetzbuch begrenzten Jahresabschluß (Teil-Jahresabschluß) erstellen oder

2. unter Verwendung der Anlagen 3a und 3b die Erträge und Aufwendungen seiner Pflegeeinrichtungen in einer nach Anlage 2 gegliederten Teil-Gewinn- und Verlustrechnung so zusammenfassen, daß sie von den anderen Leistungsbereichen der Einrichtung getrennt sind. Ist eine Abgrenzung nicht möglich, haben die erforderlichen Zuordnungen zu den verschiedenen Leistungsbereichen auf der Grundlage von vorsichtigen und wirklichkeitsnahen Schätzungen zu erfolgen. § 7 bleibt unberührt.

10.3 § 82 PBV – Finanzierung der Pflegeeinrichtungen

(1) Zugelassene Pflegeheime und Pflegedienste erhalten nach Maßgabe dieses Kapitels
1. eine leistungsgerechte Vergütung für die allgemeinen Pflegeleistungen (Pflegevergütung) sowie
2. bei stationärer Pflege ein angemessenes Entgelt für Unterkunft und Verpflegung.
Die Pflegevergütung ist von den Pflegebedürftigen oder deren Kostenträgern zu tragen. Sie umfasst bei stationärer Pflege auch die soziale Betreuung und, soweit kein Anspruch auf Krankenpflege nach § 37 des Fünften Buches besteht, die medizinische Behandlungspflege. Für Unterkunft und Verpflegung bei stationärer Pflege hat der Pflegebedürftige selbst aufzukommen.

(2) In der Pflegevergütung und in den Entgelten für Unterkunft und Verpflegung dürfen keine Aufwendungen berücksichtigt werden für
1. Maßnahmen, die dazu bestimmt sind, die für den Betrieb der Pflegeeinrichtung notwendigen Gebäude und sonstigen abschreibungsfähigen Anlagegüter herzustellen, anzuschaffen, wiederzubeschaffen, zu ergänzen, instandzuhalten oder instandzusetzen; ausgenommen sind die zum Verbrauch bestimmten Güter (Ver-

brauchsgüter), die der Pflegevergütung nach Absatz 1 Satz 1 Nr. 1 zuzuordnen sind,
2. den Erwerb und die Erschließung von Grundstücken,
3. Miete, Pacht, Nutzung oder Mitbenutzung von Grundstücken, Gebäuden oder sonstigen Anlagegütern,
4. den Anlauf oder die innerbetriebliche Umstellung von Pflegeeinrichtungen,
5. die Schließung von Pflegeeinrichtungen oder ihre Umstellung auf andere Aufgaben.

(3) Soweit betriebsnotwendige Investitionsaufwendungen nach Absatz 2 Nr. 1 oder Aufwendungen für Miete, Pacht, Nutzung oder Mitbenutzung von Gebäuden oder sonstige abschreibungsfähige Anlagegüter nach Absatz 2 Nr. 3 durch öffentliche Förderung gemäß § 9 nicht vollständig gedeckt sind, kann die Pflegeeinrichtung diesen Teil der Aufwendungen den Pflegebedürftigen gesondert berechnen. Gleiches gilt, soweit die Aufwendungen nach Satz 1 vom Land durch Darlehen oder sonstige rückzahlbare Zuschüsse gefördert werden. Die gesonderte Berechnung bedarf der Zustimmung der zuständigen Landesbehörde; das Nähere hierzu, insbesondere auch zu Art, Höhe und Laufzeit sowie die Verteilung der gesondert berechenbaren Aufwendungen auf die Pflegebedürftigen, wird durch Landesrecht bestimmt.

(4) Pflegeeinrichtungen, die nicht nach Landesrecht gefördert werden, können ihre betriebsnotwendigen Investitionsaufwendungen den Pflegebedürftigen ohne Zustimmung der zuständigen Landesbehörde gesondert berechnen. Die gesonderte Berechnung ist der zuständigen Landesbehörde mitzuteilen.

(5) Öffentliche Zuschüsse zu den laufenden Aufwendungen einer Pflegeeinrichtung (Betriebskostenzuschüsse) sind von der Pflegevergütung abzuziehen.

10.4 Verordnung über die Abgrenzung der im Pflegesatz nicht zu berücksichtigenden Investitionskosten von den pflegesatzfähigen Kosten der Krankenhäuser

(Abgrenzungsverordnung - AbgrV)

Ausfertigungsdatum: 12.12.1985
Vollzitat: "Abgrenzungsverordnung vom 12. Dezember 1985 (BGBl. I S. 2255), die zuletzt durch Artikel 4a des Gesetzes vom 17. März 2009 (BGBl. I S. 534) geändert worden ist"

Zuletzt geändert durch Art. 4a G v. 17.3.2009 I 534

Eingangsformel
Auf Grund des § 16 Satz 1 des Krankenhausfinanzierungsgesetzes vom 29. Juni 1972 (BGBl. I S. 1009), der durch Artikel 1 Nr. 15 des Gesetzes vom 20. Dezember 1984 (BGBl. I S. 1716) neu gefaßt worden ist, verordnet die Bundesregierung mit Zustimmung des Bundesrates:

§ 1 Anwendungsbereich

(1) Die nähere Abgrenzung der nach § 17 Abs. 4 Nr. 1 des Krankenhausfinanzierungsgesetzes im Pflegesatz nicht zu berücksichtigenden Investitionskosten von den pflegesatzfähigen Kosten richtet sich nach dieser Verordnung.

(2) Die Verordnung gilt nicht für

1. *die Krankenhäuser, auf die das Krankenhausfinanzierungsgesetz nach seinem § 3 Satz 1 Nr. 1 bis 4 keine Anwendung findet,*
2. *die Krankenhäuser, die nach § 5 Abs. 1 Nr. 2, 4 oder 7 des Krankenhausfinanzierungsgesetzes nicht gefördert werden, es sei denn, daß diese Krankenhäuser auf Grund Landesrechts nach § 5 Abs. 2 des Krankenhausfinanzierungsgesetzes gefördert werden.*

§ 2 Begriffsbestimmungen

Im Sinne dieser Verordnung sind

1. *Anlagegüter die Wirtschaftsgüter des zum Krankenhaus gehörenden Anlagevermögens,*
2. *Gebrauchsgüter die Anlagegüter mit einer durchschnittlichen Nutzungsdauer bis zu drei Jahren (Verzeichnis I der Anlage),*
3. *Verbrauchsgüter die Wirtschaftsgüter, die durch ihre bestimmungsgemäße Verwendung aufgezehrt oder unverwendbar werden oder die ausschließlich von einem Patienten genutzt werden und üblicherweise bei ihm verbleiben. Als Verbrauchsgüter gelten auch die wiederbeschafften, abnutzbaren beweglichen An-*

lagegüter, die einer selbständigen Nutzung fähig sind und deren Anschaffungs- oder Herstellungskosten für das einzelne Anlagegut ohne Umsatzsteuer 150 Euro nicht übersteigen.

§ 3 Zuordnungsgrundsätze

(1) Pflegesatzfähig sind

1. *die Kosten der Wiederbeschaffung von Gebrauchsgütern anteilig entsprechend ihrer Abschreibung,*
2. *sonstige Investitionskosten und ihnen gleichstehende Kosten nach Maßgabe der §§ 17 des Krankenhausfinanzierungsgesetzes und des § 8 der Bundespflegesatzverordnung,*
3. *die Kosten der Anschaffung oder Herstellung von Verbrauchsgütern,*
4. *die Kosten der Instandhaltung von Anlagegütern nach Maßgabe des § 4.*

(2) Nicht pflegesatzfähig sind

1. *die Kosten*
   a) *der Errichtung und Erstausstattung von Krankenhäusern mit Ausnahme der Kosten nach Absatz 1 Nr. 3,*
   b) *der Ergänzung von Anlagegütern, soweit diese über die übliche Anpassung der vorhandenen Anlagegüter an die medizinische und technische Entwicklung wesentlich hinausgeht,*
2. *die Kosten der Wiederbeschaffung von Anlagegütern mit einer durchschnittlichen Nutzungsdauer von mehr als drei Jahren (Verzeichnis II der Anlage) mit Ausnahme der Anlagegüter, die nach § 2 Nr. 3 Satz 2 als Verbrauchsgüter gelten,*
3. *(weggefallen)*

Absatz 1 Nr. 2 bleibt unberührt.

(3) Die durchschnittliche Nutzungsdauer eines Anlageguts ist auf der Grundlage der Nutzungsdauer bei einschichtigem Betrieb zu ermitteln.

(4) Einem Wirtschaftsgut sind die Lieferungen und Leistungen zuzurechnen, die üblicherweise notwendig sind, um das Wirtschaftsgut anzuschaffen oder herzustellen und in Benutzung zu nehmen.

§ 4 Instandhaltungskosten

(1) Instandhaltungskosten sind die Kosten der Erhaltung oder Wiederherstellung von Anlagegütern des Krankenhauses, wenn dadurch das Anlagegut in seiner Substanz nicht wesentlich vermehrt, in seinem Wesen nicht erheblich verändert, seine Nutzungsdauer nicht wesentlich verlängert oder über seinen bisherigen Zustand hinaus nicht deutlich verbessert wird.

(2) Zu den Kosten nach Absatz 1 gehören auch die Instandhaltungskosten für Anlagegüter, wenn

1. *in baulichen Einheiten Gebäudeteile, betriebstechnische Anlagen und Einbauten oder*
2. *Außenanlagen*

vollständig oder überwiegend ersetzt werden (Verzeichnis III der Anlage). Für die Beurteilung des überwiegenden Ersetzens sind Maßnahmen, die im Rahmen eines einheitlichen Vorhabens in einem Zeitraum bis zu drei Jahren durchgeführt werden, zusammenzurechnen. Die nach Satz 1 abgegrenzten Kosten werden nach § 7 Abs. 1 Satz 2 Nr. 4 zweiter Satzteil der Bundespflegesatzverordnung pauschal finanziert.

§ 5 (weggefallen)

§ 6 Inkrafttreten und Übergangsvorschrift

(1) Diese Verordnung tritt am 1. Januar 1986 in Kraft.

(2) Für die Zuordnung der Wirtschaftsgüter zu den kurz-, mittel- und langfristigen Anlagegütern im Sinne der Regelungen des Krankenhausfinanzierungsgesetzes in seiner bis zum 31. Dezember 1984 geltenden Fassung verbleibt es in den einzelnen Bundesländern bis zum Inkrafttreten von Landesrecht nach § 6 Abs. 3, § 7 Abs. 2 und § 11 des Krankenhausfinanzierungsgesetzes bei den Regelungen der Abgrenzungsverordnung vom 5. Dezember 1977 (BGBl. I S. 2355) mit Ausnahme ihres § 3 Abs. 4 und 5.

(3) Für die Pflegesatzfähigkeit der Kosten von Wirtschaftsgütern, die vor dem 1. Januar 1986 angeschafft oder im Krankenhaus hergestellt worden sind, verbleibt es bei der für diese Wirtschaftsgüter vorgenommenen Abgrenzung und Zuordnung sowie angenommenen Nutzungsdauer.

Der Bundesminister für Arbeit und Sozialordnung

Anlage

(Fundstelle: BGBl. I 1985, 2257)

Verzeichnis I

Gebrauchsgüter im Sinne von § 2 Nr. 2 sind zum Beispiel

1. Dienst- und Schutzkleidung, Wäsche, Textilien,

2. Glas- und Porzellanartikel,

3. Geschirr,

4. sonstige Gebrauchsgüter des medizinischen Bedarfs wie

Atembeutel

Heizdecken und -kissen

Hörkissen und -muscheln
Magenpumpen
Nadelhalter
Narkosemasken
Operationstisch-Auflagen, -Polster und -Decken
Schienen
Spezialkatheter und -kanülen
Venendruckmesser
Wassermatratzen,

5.sonstige Gebrauchsgüter des Wirtschafts- und Verwaltungsbedarfs wie
Bild-, Ton- und Datenträger
elektrische Küchenmesser, Dosenöffner und Quirle
Warmhaltekannen.

Das gilt nicht, soweit diese Güter nach § 2 Nr. 3 Satz 2 als Verbrauchsgüter gelten.

Verzeichnis II

Anlagegüter im Sinne von § 3 Abs. 2 Satz 1 Nr. 2 sind zum Beispiel

1.Einrichtungs- und Ausstattungsgegenstände wie
Fahrzeuge
Geräte, Apparate, Maschinen
Instrumente
Lampen
Mobiliar
Werkzeug,

2.sonstige Einrichtungs- und Ausstattungsgegenstände des medizinischen Bedarfs wie
Extensionsbügel
Gehgestelle
Lehrmodelle
Röntgenfilm-Kassetten,

3.sonstige Einrichtungs- und Ausstattungsgegenstände des Wirtschafts- und Verwaltungsbedarfs wie
Bildtafeln
Bücher
Datenverarbeitungsanlagen
Fernsehantennen
Fernsprechapparate
Kochtöpfe
Küchenbleche
Lautsprecher

Projektionswände.

Das gilt nicht, soweit diese Güter nach § 2 Nr. 3 Satz 2 als Verbrauchsgüter gelten.

Verzeichnis III

Im Sinne der Vorschrift des § 4 Nr. 2 über die Abgrenzung der Instandhaltungskosten sind

1. b a u l i c h e   E i n h e i t e n zum Beispiel

Dach
Fassade
Geschoß
Treppenhaus,

2. G e b ä u d e t e i l e zum Beispiel

Anstrich
Blitzschutzanlage
Beton- und Steinverkleidungen
Bodenbeläge
Einbaumöbel
Estrich
Fenster
Fliesen
Güter des Rohbaus wie Maurer- und Zimmerarbeiten
Rolläden
Tapeten
Türen,

3. b e t r i e b s t e c h n i s c h e   A n l a g e n   u n d   E i n b a u t e n zum Beispiel

Belüftungs-, Entlüftungs- und Klimaanlagen
Druckluft-, Vakuum- und Sauerstoffanlagen
Fernsprechvermittlungsstellen
Behälterförderanlagen
Gasversorgungsanlagen
Heizungsanlagen
Sanitäre Installation
Schwachstromanlagen
Starkstromanlagen
Warmwasserversorgungsanlagen,

4. A u ß e n a n l a g e n zum Beispiel

Einfriedungen
Grünanlagen
Straßen-, Wege- und Platzbefestigungen
Versorgungs- und Entsorgungsanlagen.

Literatur

Decker, Franz: Das große Handbuch Management für soziale Institutionen, Landsberg/Lech 1997

Deutsche Krankenhausgesellschaft, Spitzenverbande der Krankenkassen, Verband der privaten Krankenversicherung: Kalkulation von Fallkosten – Handbuch zur Anwendung in Krankenhäusern, Version 3.0 (10. Juli 2007), Düsseldorf 2007 - **Kalkulationshandbuch** –

Gutenberg, Grundlagen der Betriebswirtschaftslehre, 1. Bd. Die Produktion, 22. Aufl., Berlin u.a. 1976

Hentze, Joachim; Kehres, Erich: Kosten- und Leistungsrechnung in Krankenhäusern, 5., vollständig überarbeitete Auflage, Stuttgart 2008

Joos-Sachse, Thomas: Controlling, Kostenrechnung und Kostenmanagement, 2. Auflage, Wiesbaden 2002

Keun, Friedrich; Prott, Roswitha: Einführung in die Krankenhaus-Kostenrechnung, 7. Auflage, Wiesbaden 2008

Koch, Joachim: Betriebswirtschaftliches Kosten- und Leistungscontrolling in Krankenhaus und Pflege, 2. Aufgabe, Oldenbourg 2004

Kröger, Jürgen: Buchführung für Kaufleute im Gesundheitswesen, Norderstedt 2008 (Books on Demand GmbH)

Meffle, Günter; Heyd, Reinhard; Weber, Peter: Das Rechnungswesen der Unternehmung als Entscheidungsinstrument, 3., überarbeitete u. erweiterte Auflage, Köln, Wien, Aarau 2002

Olfert, Klaus: Kostenrechnung, 14. Auflage 2005, Ludwigshafen (Rhein) 1974.

Sießegger, Thomas: Handbuch Betriebswirtschaft – Wirtschaftliches Handeln in ambulanten Pflegediensten, Hannover 1997

Zapp, Winfried; Funke, Monika; Schnieder, Stefan: Interne Budgetierung auf der Grundlage der Pflegeversicherung, Herne-Wanne 2000

11 Index